Sebastian Reindl / Michaela Friedl

Faszination Pilzzucht

stv

Sebastian Reindl / Michaela Friedl

Faszination Pilzzucht

Anbaumethoden, Tipps & Rezepte

Leopold Stocker Verlag
Graz – Stuttgart

Umschlaggestaltung, Layout und Repro:
Werbeagentur Rypka GmbH, 8143 Dobl/Graz, www.rypka.at
Fotonachweis: Umschlag-Vorderseite: © Sebastian Friedl

Bildnachweis: Alle Abbildungen stammen von den Autoren (Sebastian Reindl – SR, Lisa Reindl – LR bzw. Michaela Friedl – MF), ausgenommen jene, die einen Hinweis auf einen anderen Autor im Bildtext enthalten.

Bibliografische Information der Deutschen Nationalbibliothek: Die Deutsche Nationalbibliothek verzeichnet diese Publikation in der Deutschen Nationalbibliografie; detaillierte bibliografische Daten sind im Internet unter http://dnb.d-nb.de abrufbar.

Hinweis: Dieses Buch wurde auf chlorfrei gebleichtem Papier gedruckt. Die zum Schutz vor Verschmutzung verwendete Einschweißfolie ist aus Polyethylen chlor- und schwefelfrei hergestellt. Diese umweltfreundliche Folie verhält sich grundwasserneutral, ist voll recyclingfähig und verbrennt in Müllverbrennungsanlagen völlig ungiftig.

Auf Wunsch senden wir Ihnen gerne kostenlos unser Verlagsverzeichnis zu:
Leopold Stocker Verlag GmbH
Hofgasse 5/Postfach 438
A-8011 Graz
Tel.: +43 (0)316/82 16 36
Fax: +43 (0)316/83 56 12
E-Mail: stocker-verlag@stocker-verlag.com
www.stocker-verlag.com

ISBN 978-3-7020-2252-5

Layout und Repro:
DSR Werbeagentur Rypka GmbH, 8143 Dobl/Graz

INHALT

Schwarze Trüffel Foto: Josef Huber

Schnecken fressen Pilze. Foto: SR

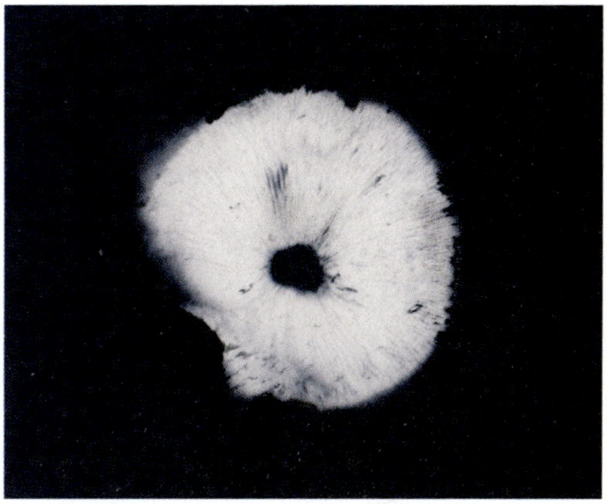

Sporenabdruck eines Shiitake-Pilzes Foto: SR

Pilzwok mit Edamame Foto: MF

VORWORT

Täglich haben wir mit Pilzen zu tun. Meist ist es uns nicht bewusst, dennoch spielen mikroskopisch kleine und manchmal auch größere Pilze eine wichtige Rolle in unserem Leben.

Sehr viele Pflanzen leben in einer Symbiose mit Pilzen und werden von ihnen über die Wurzeln mit lebenswichtigen Nährstoffen versorgt.

Auch für den Menschen sind Pilze nahrhafte und wohlschmeckende Lebensmittel, die einen regelmäßigen Platz im Speiseplan verdient haben. Doch nicht nur ihr Geschmack überzeugt. Viele unserer Lieblingsgetränke und -speisen gäbe es ohne Pilze nicht. Wir brauchen Pilze, um Käse, Salami, Bier, Wein oder Schokolade herzustellen.

Und auch die Medizin ist auf diese kleinen Wunderlinge angewiesen. Schon seit Jahrtausenden verwenden verschiedene Kulturen weltweit Pilze als Heilmittel.

Der Anbau von eigenen Speisepilzen erfreut sich erst in den letzten Jahren steigender Beliebtheit. Dementsprechend gibt es auch noch jede Menge zu entdecken.

Im vorliegenden Buch sind sowohl Methoden für Anfänger als auch Fortgeschrittene beschrieben. Neben den bereits etablierten Vorgehensweisen zur Pilzzucht auf Kaffeesatz, Strohballen oder Holzstämmen finden Sie auch Beschreibungen zur Herstellung eigener Pilzbrut oder dem Aufbau einfacher Fruchtungsräume.

Wie Sie eine Vielzahl an Geschmacksnuancen aus den selbst angebauten Pilzen herausholen können, erfahren Sie im Kapitel zur Weiterverarbeitung und anhand von ausgewählten Rezepten.

Dieses Buch versteht sich nicht als Anleitung, die auf Punkt und Komma befolgt werden muss, sondern als Grundlage um selbst kreativ zu werden und Neues auszuprobieren. Die Welt der Pilze bietet noch sehr viel mehr Geheimnisse und Überraschungen, als wir uns vorstellen können.

Viel Spaß beim Eintauchen in die Faszinationswelt der Pilze wünschen

Sebastian

Michaela

Sebastian Reindl und Michaela Friedl
Sommer 2024, Schleedorf/St. Stefan/Rosental

PILZWISSEN

PILZE UND MENSCHEN

Archäologische Funde lassen darauf schließen, dass Pilze zu Ernährungs- und Heilzwecken bereits vor 30.000 Jahren zum Einsatz kamen. Möglicherweise waren Speisepilze aber damals gewissen Bevölkerungsschichten vorbehalten. Die Beobachtungen und Erfahrungen nach dem Pilzverzehr wurden für Heilzwecke genutzt oder aber auch für politische Interessen (z. B. gezielte Vergiftungen).

In der Antike war das Wissen über die Heilwirkung einzelner Pilze in Europa weit verbreitet. Ein großer Teil dessen ist im Abendland im Mittelalter verloren gegangen. In einigen Naturvölkern und auch im asiatischen Raum haben Pilze seit jeher eine enorme Bedeutung in der Behandlung von Krankheiten. Dieses Wissen hat sich in diesen Regionen bis heute gehalten.

Faszination des Unbekannten

Pilze können sowohl sehr positive als auch sehr negative Auswirkungen auf unser Leben haben. Dies ist wahrscheinlich ein Grund, warum sich die Menschen lange Zeit nur sehr zögerlich mit den faszinierenden Eigenschaften dieser Lebewesen auseinandersetzten.

Die Beziehung zwischen Menschen und Pilzen entwickelte sich über die Jahrtausende weltweit unterschiedlich. In manchen Kulturen waren Pilze ein wichtiger Bestandteil religiöser Rituale, wohingegen andere ihnen mit Ablehnung gegenüberstanden. In Westeuropa und Nordamerika haben die meisten Menschen eine gewisse Angst vor Pilzen. Nur sehr wenige wagen sich über das Sammeln von Steinpilzen und Eierschwammerln (Pfifferlingen) hinaus. In anderen Ländern und Kulturen, etwa in Osteuropa, Russland oder Asien, werden Pilze dagegen sehr positiv wahrgenommen.

Im alten Ägypten waren Pilze als die „Pflanzen der Unsterblichkeit" bekannt. Nur die Pharaonen durften Pilze verspeisen. Die alten Römer verehrten Pilze als das Essen der Götter und auch im antiken Griechenland herrschte großes Interesse daran, Pilze zu erforschen und zu verzehren. Ab dem Mittelalter entwickelte sich gegenüber Pilzen eine gewisse Skepsis. Es wurden nur einige Pilzarten benannt und beschrieben. Bis in die Neuzeit hielt sich der generelle Konsens, dass Pilze schlechte Ausdünstungen der Erde – excrementa terrae – seien oder auf faulendem Untergrund entstehen würden. Das ist wohl ein Grund dafür, dass die erste methodische Beschreibung aller damals bekannten Pilzarten erst Mitte des 18. Jahrhunderts erstellt wurde.

In China veröffentlichte Chen Yen-Yu bereits im Jahr 1245 n. Chr. Beschreibungen über Morphologie, Entwicklung, saisonale Einflüsse, Zuchtmethoden und Zubereitung von 15 Pilzarten.

Mittlerweile kennt man die kulinarischen Vorzüge von Pilzen. Ebenso werden sie aufgrund ihrer Inhaltsstoffe in der Volksheilkunde und immer öfter in der modernen Medizin in der begleitenden Therapie eingesetzt.

INFO

Vor etwa 600 Millionen Jahren gab es nur Leben im Wasser. Flechten waren die ersten Lebewesen, die die Landmassen aus Vulkangestein vom Wasser aus besiedelten. Sie sind Mischlebewesen aus Pilzen und Algen oder Bakterien. Während die Pilze über ihre Säuren Nährstoffe aus dem Gestein lösen und dieses gleichzeitig zersetzen, erzeugt der Symbiosepartner andere Nährstoffe und Energie durch Photosynthese. Nach und nach haben Flechten so die unwirtliche Gegend für die Besiedlung von Pflanzen und später Tieren vorbereitet.

Flechten auf einer Gartenmauer: Sie überleben durch die symbiotische Beziehung zwischen Pilzen und photosynthetisch aktiven Partnerorganismen. Foto: LR

Rituelle und heilkundliche Bedeutung der Pilze

Die Steinzeitmenschen nutzten Pilze sowohl als Nahrungsmittel als auch zu Heilzwecken. Die erste Abbildung von Menschen und Pilzen ist ungefähr 10.000 Jahre alt und stammt aus den Tassili-Höhlen in der Sahara. Die Höhlenmalerei zeigt einen Schamanen, der komplett mit Pilzen bewachsen ist und Pilze in den Händen hält. Bei früheren Kulturen waren Rituale und Heilwirkungen eng miteinander verknüpft. Ein Pilz, der in vielen indigenen Kulturen auf der ganzen Welt für seine psychoaktiven Wirkungen verehrt wird, ist der Fliegenpilz *(Amanita muscaria)*. Dieser gilt bei uns als hochgiftig, in skandinavischen Ländern wird er dagegen – bei richtiger Zubereitung – öfters als Speisepilz verzehrt.

Der Fliegenpilz kann bei falscher Zubereitung zu Halluzinationen und Vergiftungserscheinungen führen. Foto: LR

Eine weiterer Hinweis, wie in der Steinzeit Pilze eingesetzt wurden, stammt von der weltbekannten Gletschermumie Ötzi, die 1991 in den Ötztaler Alpen in Südtirol im Eis gefunden wurde. Im Gepäck der Mumie entdeckten die Forscher einen Zunderschwamm. Dieser wird, wie der Name schon sagt, zum Feuermachen verwendet. Zudem hat er wundheilende Wirkungen. Im Magen der Gletschermumie befanden sich außerdem Spuren eines Birkenporlings. Dieser gilt in der Volksheilkunde als Heilmittel bei Magenproblemen.

Auch der griechische Arzt Hippokrates beschrieb um 450 v. Chr. den wundheilenden Effekt des Zunderschwammes. Bis in die Neuzeit handelten Apotheker den Pilz auch als „Wundschwamm“ oder „Chirurgenschwamm“.

Der Birkenporling wird volksheilkundlich bei Magenproblemen eingesetzt. Foto: LR

Der Zunderschwamm wird seit der Steinzeit zum Feuermachen verwendet, hat aber auch wundheilende Eigenschaften. Foto: LR

Bereits den Neandertalern war bekannt, dass das Kauen von schimmligen Holzstücken Zahnfleischentzündungen lindert. Dieser Effekt wurde sehr viel später auch wissenschaftlich beschrieben. Im Jahr 1874 bemerkte der Arzt Theodor Billroth in Wien, dass Schimmel, genauer gesagt der Pinselschimmel, die Bakterienentwicklung hemmt. Dieselbe Beobachtung machte 1928 Alexander Flemming, als er eine Bakterienkultur über die Sommermonate in seinem Labor liegenließ. Nach seiner Rückkehr war die Kultur mit Schimmel befallen. Es zeigte sich, dass in der Nähe des Schimmels kein einziges Bakterium vorhanden war. Aus diesen Erkenntnissen entwickelten Wissenschaftler ein Medikament, dass die damalige Medizin revolutionierte und bis heute massenhaft eingesetzt wird – das Penicillin.

In den indigenen Kulturen Mittelamerikas gibt es eine jahrtausendealte Tradition zur Einnahme von psychoaktiven Pilzen der Gattung *Psilocybe*. Die Inka und Maya verwendeten diese nicht nur gegen psychische und physische Krankheiten, sondern verehrten sie auch als Hilfsmittel zur „Kommunikation mit den Göttern“. Nach der Besetzung durch die Spanier und dem Verbot aller „unchristlichen“ Rituale, gaben die Einheimischen die spezielle Anwendung der Pilze über die folgenden Jahrhunderte nur mehr im Geheimen weiter. In den 1960er Jahren weihte eine Schamanin das erste Mal einen Außenstehenden, den Amerikaner Gordon Wasson, in die Wirkungen der Pilze ein. In weiterer Folge breitete sich das Wissen über die besondere Wirkung der späteren „Magic Mushrooms“ in der aufkommenden Drogenkultur der 1960er schnell aus. Forscher fanden heraus, dass es mehr als 150 Pilzarten der Gattung *Psilocybe* gibt, die in unterschiedlichsten Regionen weltweit vorkommen. Der Konsum wurde in vielen Ländern verboten, doch es gibt bis heute noch keinen Todesfall, der direkt auf den Konsum dieser Pilze zurückgeführt werden kann. Der Verzehr führt zwar zu keiner physischen oder psychischen Abhängigkeit, es können nach der unkundigen Einnahme dieser Pilze jedoch kurz- oder längerfristige Psychosen auftreten. Selbst in indigenen Kulturen waren das Sammeln und die Einnahme der Pilze fachkundigen Heilern vorbehalten.

Einzelne Länder erlaubten in den letzten Jahren wieder Studien mit dem Wirkstoff Psilocybin. Die aktuellen Ergebnisse sind sehr vielversprechend. Gute Wirksamkeit zeigt sich bei der Behandlung von Depressionen und anderen psychischen Krankheiten, bei gleichzeitigem Ausbleiben von Nebenwirkungen. Eine allgemein gültige Aussage zur wissenschaftlichen Wirkung kann derzeit noch nicht getätigt werden.

Der Lärchenbaumschwamm oder Apothekerschwamm war im alten Griechenland und dem Mittelalter als Heilmittel für Tuberkulose und Pocken bekannt. Der Pilz wurde damals von Heilkundigen zu hohen Preisen gehandelt und war entsprechend begehrt. Heute ist in Mitteleuropa nur noch eine Fundstelle in einem Nationalpark in Berchtesgaden bekannt.

Eine sehr lange Tradition zum Einsatz von Pilzen für Heilzwecke gibt es auch in China und Japan. Das Buch Shennong Ben Cao Jing (Heilkräuterwissen nach Shennong) wird auf 300 v. Chr. bis 200 n. Chr. datiert. Es ist eine Sammlung von mündlich überliefertem Heilwissen, das unter anderem den Einsatz von verschiedenen Pilzen beschreibt. Darin sind bereits der Glänzende Lackporling (Reishi) und 16 weitere Pilzarten ausführlich mit ihren jeweiligen medizinischen Einsatzbereichen beschrieben.

Pilze in der modernen Medizin

Neben dem bereits beschriebenen Penicillin verwendet die moderne Medizin viele weitere Präparate aus Pilzen. Die Wirkstoffe werden mittlerweile meist synthetisch hergestellt, um eine industrielle Produktion zu ermöglichen. Wirkstoffe, die ursprünglich aus Pilzen stammen, befinden sich unter anderem auch in Antibiotika oder cholesterinsenkenden Medikamenten.

Ein weiteres Beispiel ist das Cyclosporin, das aus bestimmten Schlauchpilzarten gewonnen und dazu eingesetzt wird, um der körperlichen Abwehrreaktion bei Organtransplantationen vorzubeugen.

Während es in ostasiatischen Ländern und auch vielen osteuropäischen Ländern langjährige Erfahrungen zur Verwendung von Pilzen in der Medizin gibt, ist dieses Wissen im restlichen Europa im Mittelalter zu einem großen Teil verlorengegangen. In den letzten Jahren beschäftigen sich wieder vermehrt Wissenschaftler und auch Hersteller von Medikamenten mit der sogenannten „Traditionellen Europäischen Heilkunde“ und versuchen aus den, in alten Aufzeichnungen beschriebenen Pflanzen und Pilzen, bestimmte Inhaltsstoffe zu isolieren und auf ihre Wirksamkeit zu prüfen.

In über 15 % der verkauften Impfstoffe werden Hefepilze als Trägermaterial für die Wirkstoffe eingesetzt. Auch in Diabetes-Teststreifen und vielen verdauungsfördernden Medikamenten kommen Pilze zum Einsatz.

Jedes Lebewesen – so auch der Mensch – ist unter anderem mit Pilzen besiedelt. Das menschliche Mikrobiom, also die Gesamtheit aller Mikroorganismen, die den menschlichen Körper besiedeln, besteht aus Bakterien, Pilzen und Viren. Jeder Mensch hat sein eigenes, sich ständig veränderndes, individuelles Mikrobiom. Es wird beeinflusst durch die Nahrungszufuhr, Umwelteinflüsse, durch eine städtische oder ländliche Umgebung, durch viel oder wenig Kontakt mit Menschen, Tieren, Pflanzen oder Pilzen, aber auch durch Stress, Krankheiten und die Genetik. Kommt es zu massiven und raschen Veränderungen von einzelnen Einflusskomponenten, kommt das Mikrobiom ins Ungleichgewicht. Das kann zu Krankheiten führen oder sich im besten Fall selbst nach einer gewissen Zeit wieder ins Lot bringen.

Aktuelle Zahlen weisen darauf hin, dass Pilzinfektionen – sowohl von Pilzen außerhalb als auch innerhalb des menschlichen Körpers – zunehmen. Aufgrund der Mutationsfreudigkeit von Pilzen, die es ihnen ermöglicht, sich rasch an neue Begebenheiten anzupassen, finden sie auch rasch Wege, der Wirksamkeit von Medikamenten entgegenzutreten.

Aktuell gibt es nur wenige wirksame Medikamente, um Pilzinfektionen effizient zu behandeln.

Kurze Geschichte der Pilzzucht

Im asiatischen Raum sind erste Anbauversuche kurz nach Christi Geburt dokumentiert. Aus Japan und China gibt es Aufzeichnungen, die auf Anbauversuche von Shiitake (*Lentinula edodes*) und Judasohren (*Auricularia*) auf Holzstämmen um 600 n. Chr. hinweisen. Judasohren dürften noch vor den Shiitake gezielt angebaut worden sein. Im Jahr 1313 beschreibt ein chinesischer Mönch detailliert, wie er Shiitake-Pilze auf Holzstämmen züchtet. Er erklärt nicht nur das Beimpfen von Baumstämmen, sondern auch wie er die Methode der Fruchtungseinleitung durch „Erschüttern" des Pilzstammes entdeckte: Einmal wollten die Pilze nicht wachsen, daraufhin geriet der Mönch so in Zorn, dass er die Baumstämme gegen eine Wand schleuderte. Diese Erschütterung regte die Fruchtung an und die Pilze wuchsen wieder.

Der Reisstrohpilz (*Volvariella volvacea*) wird in Asien ebenfalls seit hunderten von Jahren gezüchtet. Für die Zucht werden große Haufen von Reisstroh zum Fermentieren aufgeschichtet. Durch natürlichen Anflug von Sporen siedeln sich Pilze darin an, die in weiterer Folge geerntet werden können. Aus dem alten Rom sind die ersten europäischen Zuchtversuche bekannt. Diese waren zwar nur mäßig erfolgreich, zeigen jedoch, dass bereits beschränktes Wissen über die Wachstumsbedingungen von Pilzen vorhanden war. Dabei wurden Stämme, die bereits mit Myzel des Pioppino (*Agrocybe aegerita)* durchwachsen waren, mit Erde bedeckt, um die Feuchtigkeit im Holz zu erhalten.

Die ersten Belege erfolgreicher Zuchtversuche in Europa stammen aus dem Jahr 1707. Champignons (*Agaricus bisporus*) wurden in französischen Höhlen auf kompostiertem Pferdemist gezüchtet. Dieser war bereits durch aus der Luft aufgenommene Sporen mit Myzel besiedelt und wurde mit weiterem Pferdemist durchmischt, um so den Pilz weiter wachsen zu lassen. Die damals beschriebenen Methoden gleichen in groben Zügen der Art und Weise, wie auch heute noch Champignons gezüchtet werden.

Von einer systematischen Kultivierung von Pilzen kann erst ab der Mitte des 19. Jahrhunderts in Europa gesprochen werden. In Frankreich wurden Ende des 19. Jahrhunderts Methoden zur einfacheren Züchtung von Pilzbrut entwickelt.

Der Amerikaner Duggar entdeckte, wie Zuchtstämme mithilfe einer Gewebekultur geklont werden können und in Japan entwickelten Wissenschaftler effektivere Methoden, um Baumstämme mit Shiitake-Myzel zu beimpfen.

Etwas später wurden in Deutschland die ersten Austernseitlinge kultiviert. Während des Ersten Weltkrieges wurden die Pilze auf Baumstämmen gezüchtet und sollten als Ersatz für das in Kriegszeiten schwer erhältliche Fleisch dienen.

Die Champignon-Produktion in Europa erlebte einen regelrechten Boom nach dem Zweiten Weltkrieg. Damals war Pilzbrut plötzlich relativ einfach und günstig in verschiedenen Ländern erhältlich.

Pilze in der Landwirtschaft

In der Landwirtschaft sind Pilze meist als Schädlinge bekannt. Dieser Ruf ist zu einem Teil auch gerechtfertigt. Von der Antike bis hin zur Neuzeit löste beispielsweise der Mutterkornpilz immer wieder Epidemien aus. Dieser befällt in feuchten Jahren Getreide und bildet in der Getreideähre kleine Pilzkörper, die gemeinsam mit den Getreidekörnern geerntet werden. Die Vergiftungserscheinungen, die nach dem Verzehr der Körner auftreten, werden als Antoniusfeuer oder Ergotismus bezeichnet und enden in vielen Fällen tödlich. Erst im 18. Jahrhundert entdeckte man den Pilz als Ursache dieser Krankheit und führte Maßnahmen zur Reinigung und Überprüfung von befallenem Getreide ein.

Der Mutterkornpilz enthält jedoch nicht nur Giftstoffe, sondern in entsprechender Dosierung auch sehr viele medizinisch wirksame Inhaltsstoffe. Wie dem Namen zu entnehmen ist, setzten Hebammen den Mutterkornpilz bei verschiedenen Leiden rund um die Geburt ein. Auch in der modernen Medizin wird eine Vielzahl an Medikamenten aus dem Mutterkornpilz gewonnen.

Eine beliebte Frucht, die in den nächsten Jahrzehnten aufgrund eines Pilzes aus unseren Supermarktregalen verschwinden könnte, ist die Banane. Der mit Abstand größte Teil der weltweit verzehrten Bananen sind Ableger von ein und derselben Staude, der samenlosen Cavendish-Banane. Wenn sich Pflanzen nicht über Samen fortpflanzen, entwickeln sie ihre genetischen Eigenschaften nicht weiter und können sich auch nicht an Schädlinge anpassen. So spezialisierte sich über die letzten Jahre ein bestimmter Pilz auf diese Bananen und verbreitete sich weltweit. Gegen den Pilz, der die sogenannte Panama-Krankheit auslöst, sind gängige Fungizide wirkungslos. Aktuell sind in allen Anbauregionen die Bestände bedroht.

In der Landwirtschaft wird gerne die schädigende Wirkung von Pilzen auf Pflanzen betont und die nützlichen Effekte werden übersehen. Mehr als 90 % aller Pflanzen leben in ihrer natürlichen Umgebung in Symbiose mit Pilzen. Die Pilze versorgen die Pflanzen über die Mykorrhizaverbindung an den Wurzeln mit Nährstoffen, während sie im Gegenzug durch die Pilze andere Nährstoffe erhalten. Pflanzen nehmen 100 % ihres Phosphorbedarfs und 80 % ihres Stickstoffbedarfs durch die Pilze auf. Die Pilze beliefern die Pflanze auch mit antibiotisch wirksamen Stoffen, die sie vor Insekten und einem Befall von Fremdpilzen schützen.

In der konventionellen Landwirtschaft werden die Felder mit Phosphor- und Stickstoffdünger versorgt. Somit besteht für die Pflanzen keine Notwendigkeit, eine Mykorrhizaverbindung mit den Pilzen einzugehen. Dadurch fehlt auch der natürliche Schutz gegen Krankheiten, der wiederum durch Pestizidgaben ausgeglichen werden muss.

Trotz hohem Einsatz an Pestiziden zerstören Schädlinge, darunter auch Pilze, je nach Jahr und Region 20–40 % der Ernte.

Da Pilze sehr schnell mutieren, können sie sich innerhalb weniger Jahre an neue Pestizide anpassen. Daraufhin werden neue Pestizide entwickelt, auf die sich die Pilze erneut einstellen. Vermutlich werden die Pilze in diesem Spiel den längeren Atem haben.

Laut einem Bericht aus dem Jahr 2023 des europäischen Rechnungshofs befinden sich 60–70 % der europäischen Böden in einem schlechten Zustand. Auch durch die Überdüngung verlieren nicht nur die Pflanzen, sondern auch die Pilze ihren Symbiosepartner und das vorher intakte Bodenleben löst sich auf. Fruchtbarer Humus wird zu toter Erde. Neue biologische Landwirtschaftsmethoden sehen die Pilze nicht mehr als Feinde, sondern als Nützlinge, die das Pflanzenwachstum entscheidend fördern, Schädlinge unter Kontrolle halten und die Pflanze so unterstützen, dass sie ohne Pestizide mit einer Vielzahl an Krankheiten fertig wird. Von innovativen Garten- und Ackerbaubetrieben werden bereits gezielt Pilze als Mykorrhizapartner beim Anpflanzen mit in die Erde eingebracht.

Interessanterweise wurde auch festgestellt, dass beispielsweise Basilikum mit unterschiedlichen Mykorrhizapartnern unterschiedliche Geschmacksrichtungen entwickelt.

Der amerikanische Mykologe Paul Stamets hat eine andere Möglichkeit entwickelt, Pilze in der Landwirtschaft einzusetzen. In Studien wurden Honigbienen über die Wintermonate mit Zuckerwasser gefüttert, dem Extrakte des Zunderschwammes und des Glänzenden Lackporling-Pilzes beigemischt wurden. Die mit dem Pilzextrakt gefütterten Honigbienen wurden, im Vergleich zu den Bienenstöcken, die nur mit Zuckerwasser gefüttert wurden, um etwa 80 % weniger oft von der gefürchteten Varroamilbe befallen und getötet.

Manche Imker verwenden auch heute noch Fruchtkörper des Zunderschwammes zum Räuchern des Bienenstocks. Der Rauch beruhigt die Bienen und erleichtert dem Imker die Arbeit im Bienenstock.

Pilze im Handwerk

Im Handwerk spielte vor allem der Zunderschwamm eine große Rolle. Wie der Name schon sagt, wurde aus dem Zunderschwamm Zunder hergestellt. Diesen nutzte man sowohl zum Entzünden eines Feuers als auch zur Aufbewahrung von Glut. Beim Kontakt mit Funken beginnt die getrocknete Porenschicht des Zunderschwammes zu glosen. Wird der entzündete Pilz in regelmäßigen Abständen in der Luft geschwenkt, kann dieses Glosen mehrere Stunden bis Tage aufrechterhalten werden, um bei Bedarf ein Feuer daraus zu entzünden. In früheren Zeiten nutzten die Menschen auch viele andere Porlingsarten für die Zunderherstellung. Allein in der bayerischen Gemeinde Todtnau stellten die sogenannten „Zundermeister" im Jahr 1875 noch 40 Tonnen Zunder aus Zunderschwämmen her.

Aus dem Zunderschwamm lassen sich auch Textilien herstellen. Durch Ablösen der einzelnen Schichten entsteht sogenanntes Zunderleder. Aus diesem stellten Schneider bis vor etwa 150 Jahren unter anderem Kleider, Hüte und Taschen her. Kappen aus Zunderschwamm besitzen die Eigenschaft „im Winter zu wärmen und im Sommer zu kühlen". Das Zunderleder nutzte man aufgrund der blutstillenden Wirkung außerdem als Wundauflage. Was vor nicht langer Zeit in großen Teilen Deutschlands und Österreichs ein bedeutender Wirtschaftszweig war, ist heute nahezu vergessen. Es gibt hierzulande niemanden mehr, der die Herstellung von Zunderleder

Zunderleder wird aus dem Zunderschwamm hergestellt und kann kunstvoll verarbeitet werden.
Foto: SR

beherrscht. Einzig in einigen Dörfern Rumäniens wird dieses Handwerk noch ausgeübt. Zundermützen, Tischauflagen, Geldtaschen und weitere Gegenstände aus Zunderleder können dort eingekauft werden. Auch jüngere Modestartups entdecken das Material wieder und verarbeiten es weiter zu verschiedenen Accessoires und Kleidungsstücken.

Viele Völker nutzen die getrockneten Fruchtkörper des Glänzenden Lackporlings, der Schmetterlingstramete und anderer Arten von Baumpilzen auch als Schmuck.

Interessant sind auch Holzarbeiten aus „Marmorholz“. Dieses entsteht, wenn der Baum nach dem Fällen mehrere Jahre im Wald liegen bleibt. Im Laufe der Zeit besiedeln ihn verschiedene Pilze. Durch die Pilze verändert das Holz seine Farbe und stellt einen dekorativen Werkstoff für Handwerksgegenstände wie Vasen oder Schüsseln dar. Dieser Werkstoff wird bereits seit dem 15. Jahrhundert von Meistern im Holzhandwerk eingesetzt.

Pilze sind für die interessante Farbgebung dieser Holzvase verantwortlich. Foto: LR

Lebensmittel, die es ohne Pilze nicht gäbe

Schon seit Tausenden von Jahren nutzt die Menschheit Pilze, um damit Lebensmittel herzustellen. Sogar die alten Ägypter setzten unbewusst Hefepilze zur Herstellung von Bier und Sauerteig ein.

Hefepilze sind für die Herstellung von Sauerteigbrot unerlässlich. Foto: LR

INFO

Lange herrschte Unklarheit, warum das Bierbrauen funktionierte. Eine Weisheit der mittelalterlichen Braumeister war, dass der Brauvorgang besser funktionierte, wenn Frauen ihre Hände in den Sud halten. Nachdem im 19. Jahrhundert die Hefepilze das erste Mal unter dem Mikroskop beobachtet wurden, war das Rätsel gelöst. Durch das Kneten von Sauerteig hatten Frauen an den Händen und unter den Fingernägeln eine Häufung von Hefepilzen. Dadurch, dass die Frauen die Hände in den Sud hielten, wurde dieser mit den Hefepilzen „beimpft“.

Pilze unterstützen die Lebensmittelkonservierung jedoch nicht nur in Form der Fermentation, sondern auch als essbare Schutzschicht. Ein bekanntes Beispiel für die Konservierung von Lebensmitteln mithilfe von Pilzen ist Schimmelkäse. Bei der Herstellung durchwächst das Myzel des Schimmelpilzes den Käse und verteidigt ihn in weiterer Folge gegen andere Mikroorganismen, die den Verfall beschleunigen würden. Derselbe Effekt wird bei der Herstellung von Salamiwürsten genutzt, die mit Edelschimmel durchwachsen sind.

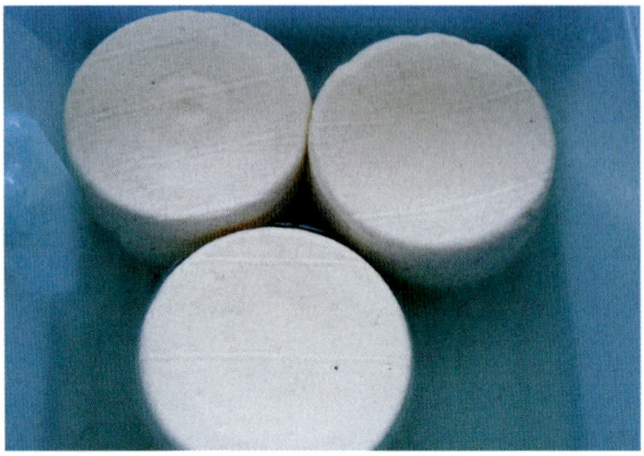

Camembert-Produktion: Die Milch wird mit dem weißen Schimmelpilz *Penicillium camemberti* beimpft. Nach sechs bis acht Stunden im Wasserbad, reift der Käserohling in zwei bis vier Wochen weiter zum fertigen Camembert. Foto: SR

Ohne Pilze gäbe es auch keine Schokolade. Die Kakaobohnen müssen bei der Herstellung durch Hefepilze fermentiert werden.

In Asien werden seit Jahrtausenden Pilze zur Herstellung von Tofu, Tempeh und Sojasauce eingesetzt.

Pilze sind auch für die Existenz der fermentierten Getränke Kefir und Kombucha verantwortlich, die bereits seit mehreren Tausend Jahren von Menschen getrunken werden. Die „Kefirknolle" (eine Symbiose aus Bakterien, Hefen, Eiweißen und Kohlenhydraten) wird für ein bis zwei Tage in Zuckerwasser oder Milch gelegt. In diesem Zeitraum werden die Zuckermoleküle verstoffwechselt und in Alkolhol und Kohlenstoffdioxid umgewandelt – man spricht von einer Fermentation.

Die Herstellung von Kombucha funktioniert ähnlich. Der Kombuchapilz, ein Organismus, der sich aus einer Vielzahl von Hefepilzen zusammensetzt, wird meist in gezuckerten Schwarztee gelegt. Über einen Zeitraum von mehreren Tagen fermentiert er das Getränk. Sowohl Kefir als auch Kombucha bestehen aus einer Kombination von Pilzen und Bakterien, die in dieser Form nirgends in der Natur vorkommt. Auch die künstliche Herstellung eines ähnlichen Organismus ist bisher nicht gelungen.

In der Lebensmittelindustrie werden Pilze und von Pilzen produzierte Enzyme für viele Anwendungen eingesetzt. Zitronensäure, wie sie in einer Vielzahl an Produkten (Marmeladen, Sirup, Getränke, Süßwaren, Fertiggerichten, etc.) verwendet wird, wird mittlerweile nicht mehr aus Zitronen gewonnen. Die Herstellung erfolgt mithilfe des Schwarzschimmels (*Aspergillus niger*). Dieser gibt bei der Besiedlung eines Nährmediums ein Enzym ab, das der Zitronensäure entspricht.

Pilze gegen Umweltschäden

Mykoremediation ist ein umwelttechnisches Verfahren, das Pilze nutzt, um Schadstoffe aus der Umwelt zu entfernen oder abzubauen. Da Pilze sehr schnell mutieren, lernen sie auch in kurzer Zeit ihnen noch unbekannte Materialien zu zersetzen. So können bestimmte Pilzarten so „trainiert" werden, dass sie Zigarettenstummel, Windeln und andere Kunststoffe abbauen. Wie seit der Explosion des Atomkraftwerks in Tschernobyl allgemein bekannt ist, besitzen Pilze außerdem die Fähigkeit, hohe Mengen an Radioaktivität und anderen Giftstoffen in ihren Fruchtkörpern zu speichern. Diese entgiftenden Eigenschaften von Pilzen werden zunehmend in der Wiederaufbereitung von kontaminierten Böden und Gewässern eingesetzt. Eine Möglichkeit ist, besiedeltes Pilzsubstrat im Boden zu vergraben. Das Pilzmyzel wächst in den Boden ein und breitet sich aus. Bei erdölverseuchten Böden schafft es das Pilzmyzel, die langen Kohlenwasserstoffketten aufzubrechen. Das Myzel kann auch kleine Teilchen von Schwermetallen oder Chemikalien aus dem Boden filtern und im Fruchtkörper konzentrieren. Die daraus wachsenden Pilze sind zwar nicht für den Verzehr geeignet, dafür können die darin gebundenen Schwermetalle in konzentrierter Form entsorgt werden.

Technische Anwendungen von Pilzen

Materialien aus Pilzen oder Pilzmyzel kommen für mehrere Einsatzmöglichkeiten in Frage und könnten erdölbasierte Werkstoffe in vielen Bereichen ersetzen.

Das italienische Unternehmen Mogu produziert Akustikpaneele für Räume aus Pilzmyzel. Mehrere Universitäten und Fachhochschulen forschen an der Verbesserung von Wärmedämmplatten und Formteilen für verschiedene Anwendungen aus Pilzmyzel. Das Myzel fungiert bei diesen Werkstoffen als Bindemittel und hält so die Holzspäne oder Pflanzenfasern in der gewünschten Form zusammen. Wenn das Material nicht mehr benötigt wird, kann es einfach kompostiert werden.

Da das gesamte Farbspektrum der Natur in den Pilzen vorhanden ist, können auch Farbstoffe aus Pilzen gewonnen werden. Naturfasern können die meisten Farben aus Pilzen gut aufnehmen. Daher ist zum Einfärben kein aufwendiger Prozess erforderlich, wie es bei Farbstoffen aus Pflanzen oft der Fall ist. Mittlerweile ist es gelungen, die Farbstoffe zu isolieren und industriell zu vermehren. Hier ist vor allem die Technische Universität München federführend beteiligt.

Dieser kompostierbare Pflanztopf wurde an der Fachhochschule Salzburg hergestellt. Er besteht aus Holzspänen und Pilzmyzel. Foto: LR

Pilzmyzel hält diese an der Fachhochschule Salzburg hergestellten Dämmplatten zusammen. Daher lässt sich das Material auch bedenkenlos kompostieren. Foto: LR

Die Einsatzgebiete von Farben aus Pilzen reichen von der Textilindustrie, der Kosmetikindustrie bis hin zur Lebensmittelindustrie.

Die Universität Linz hat erfolgsversprechende Versuche gestartet, um elektronische Leiterplatten aus Pilzen herzustellen.

WAS SIND PILZE?

Pilze werden weder den Tieren (Fauna) noch den Pflanzen (Flora) zugeordnet. Sie bilden unter dem Namen „Funga“ ihre eigene biologische Kategorie. Zwar wurden Pilze oft zu den Pflanzen gerechnet, sie sind nach neueren biologischen Erkenntnissen jedoch näher mit Tieren verwandt. Im Gegensatz zu Pflanzen können Pilze keine Photosynthese betreiben. Sie ernähren sich wie Tiere von organischen Substanzen und verbrauchen Sauerstoff beim Wachsen. Pilze verdauen ihre Nahrung so wie Menschen und Tiere durch Enzyme. Sie lösen die Nährstoffe aus dem Material heraus und die Pilzzelle nimmt diese im Anschluss auf. Dieser Prozess kann mit hoher Geschwindigkeit vor sich gehen. Das Myzel des Austernseitlings kann beispielsweise mehr als einen Zentimeter pro Tag wachsen. Die Zellhülle von Pilzen besteht unter anderem aus Chitin, genauso wie das Exoskelett von Insekten.

Zu den Pilzen zählen mehrzellige Pilze, Einzeller wie die Hefepilze und spezielle Mikroorganismen mit mehreren Zellkernen, die Coenoblasten.

Die mehrzelligen Pilze werden unterteilt in Ständer- und Schlauchpilze. Die meisten Speisepilze zählen zu den Ständerpilzen, wie etwa Shiitake, Austernseitlinge, Kräuterseitlinge und Steinpilze. Zu den Schlauchpilzen zählen beispielsweise Trüffeln und Morcheln. Es existieren aber auch Arten von mehrzelligen Pilzen, die keinen Fruchtkörper ausbilden. Eine weitere Möglichkeit, Pilze zu unterscheiden ist, sie nach der Art ihrer Nährstoffgewinnung einzuteilen. Saprophytische Pilze gewinnen ihre Nährstoffe durch das Zersetzen von abgestorbenem, organischem Material. Mykorrhizapilze leben in Symbiose mit anderen Pflanzen, mit denen sie sich gegenseitig Nährstoffe zur Verfügung stellen. Parasitäre Pilzen entziehen einem Wirt (Pflanze oder Tier) die Nahrungsstoffe und schwächen den Wirt so weit, dass er letztlich stirbt.

Der Fichtenzapfenrübling (*Strobilurus esculentus*) hat die Zapfen der Fichte als Lebensraum ausgewählt. Foto: LR

Der Perlpilz *(Amanita rubescens)* gehört so wie die meisten Speisepilze zu den Ständerpilzen. Foto: LR

DAS REICH DER PILZE

Weltweit sind bisher 150.000 Arten von Pilzen wissenschaftlich dokumentiert. Dazu zählen nicht nur die an ihrem Fruchtkörper leicht erkennbaren Ständerpilze, sondern genauso Pilzarten, die keinen Fruchtkörper ausbilden (wie etwa Schimmelpilze oder Jochpilze) und einzellige Pilzarten (zum Beispiel Hefepilze).

Ungeahnte Artenvielfalt

Wissenschaftler gehen davon aus, dass erst ein kleiner Prozentsatz der, auf der Erde vorhandenen Pilzarten beschrieben ist. Vermutlich liegt die Zahl der weltweit vorkommenden Pilze zwischen zwei und zwölf Millionen. Aktuell werden pro Jahr 1.000 bis 2.000 neue

Pilzarten beschrieben. Viele Forscher sprechen von einem Wettlauf gegen die Zeit. Es wird davon ausgegangen, dass nicht nur 45 % aller Pflanzenarten vom Aussterben bedroht sind, sondern auch 50 % der Pilzarten. Unter diesen Arten, die wir möglicherweise nie kennenlernen werden, befindet sich vermutlich eine große Anzahl mit medizinisch wirksamen Inhaltsstoffen.

Vor allem tropische Länder beherbergen eine große und überwiegend noch unbekannte Vielfalt an Pilzarten. Trotz der wichtigen Rolle, die Pilze für das ökologische Gleichgewicht innehaben, wurden sie bisher noch nicht in internationale Artenschutzprogramme aufgenommen. Wissenschaftler in aller Welt fordern, dass dem Schutz der Funga in Zukunft genauso viel Wert beigemessen wird wie dem Schutz der Flora und Fauna.

Weltweit wurden bereits etwa 55.000 Arten von fruchtkörperbildenden Ständerpilzen beschrieben. Von diesen wurden bisher etwa 1.000 Arten als giftig identifiziert und etwa 40 Arten als tödlich giftig. Der grüne Knollenblätterpilz ist für 90 % aller tödlich verlaufenden Pilzvergiftungen verantwortlich.

Der Österreichische Prachtbecherling (*Sarcoscyphia austriaca*) ist ein essbarer, wenn auch nicht besonders schmackhafter Waldpilz. Foto: LR

In Österreich wurden bisher etwa 4.500 Arten von Ständerpilzen gefunden und dokumentiert. Weltweit können derzeit etwa 200 verschiedene Pilze unter experimentellen Bedingungen gezüchtet werden. Ungefähr 60 Arten werden kommerziell angebaut.

INFO

Knollenblätterpilze wurden lange als heimliche Mordwaffe eingesetzt. Der römische Kaiser Claudius II., Papst Clemens der VII. und der österreichische Kaiser Karl VI. wurden vermutlich mit dem Gift des Knollenblätterpilzes ermordet. Das Gift hat keinen bestimmten Geschmack oder Geruch und konnte lange nicht nachgewiesen werden. Bereits ein einzelner Pilz kann sich tödlich auswirken. Oft kommt es erst zehn Tage nach dem Genuss der Pilzmahlzeit zum tatsächlichen Tod durch Leberversagen.

Sonderform Schleimpilz

Schleimpilze bilden eine eigene Gruppe zwischen den Pilzen und den Tieren. Da sie sich viele Eigenschaften dieser beiden Gattungen teilen, ist eine genaue Zuordnung der sogenannten Mycetozoa schwierig. Die Fäden, die der Schleimpilz beim Wachstum ausbildet, ähneln den Synapsen in unserem Gehirn und besitzen intelligente Eigenschaften. Derzeit gibt es noch keine Erkenntnisse darüber, wie diese „Intelligenz“ funktioniert. Sie wurde jedoch bereits in vielen Experimenten nachgewiesen. Dazu wird am Eingang eines Labyrinths der Schleimpilz positioniert und am Ausgang eine Nahrungsquelle. In fast allen Fällen schafft es der Schleimpilz, den kürzesten Weg durch das Labyrinth zu finden.

Die Gelbe Lohblüte *(Fuligo septica)* gehört zu den Schleimpilzen, denen intelligente Eigenschaften zugeschrieben werden. Foto: MF

Reife Gelbe Lohblüte *(Fuligo septica)*: Sie ist bekannt für ihre leuchtend gelbe, gallertartige Erscheinung und ihre Fähigkeit, sich langsam fortzubewegen. Foto: MF

EXPERIMENT:

Sie benötigen: Eine Kultur des Schleimpilzes *Physarum polycephalum* (im Internet erhältlich), Haferflocken, Essig und einer Petrischale mit einer Agar-Nährlösung.

Platzieren Sie auf einer Seite der Petrischale jeweils gewöhnliche Haferflocken und mit Essig beträufelte Haferflocken in einem Abstand von zwei bis drei Zentimeter. Setzen Sie den Schleimpilz auf die gegenüberliegende Seite der Petrischale. Nach ein paar Stunden können Sie überprüfen, ob sich der Schleimpilz in Richtung der unbeträufelten Haferflocken bewegt.

AUFBAU UND LEBENSZYKLUS

Aufbau von Ständerpilzen
Foto: LR; Grafik: DSR Rypka

Das Wort Pilz bezeichnet den ganzen Organismus, also das unterirdische Myzelgeflecht, das den weitaus größeren Teil des Pilzes darstellt und den oberirdischen Fruchtkörper, der der sexuellen Vermehrung dient. Der Fruchtkörper setzt sich auch aus Myzelfäden in einer komplizierten Anordnung zusammen.

Im alltäglichen Sprachgebrauch wird der Fruchtkörper als Pilz bezeichnet – es müsste korrekt heißen: Fruchtkörper sammeln; man spricht aber vom „Pilze sammeln“.

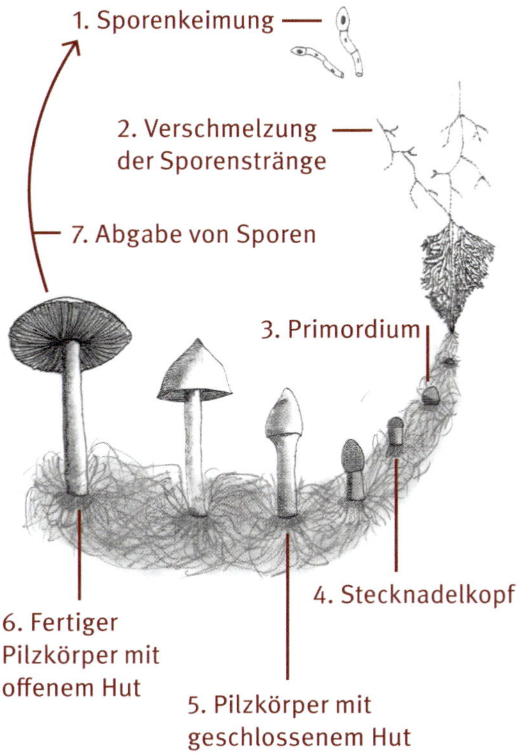

Wachstumsphasen von Pilzen
Zeichnung: LR; Grafik: DSR Rypka

Der Lebenszyklus der Ständerpilze teilt sich in sieben Wachstumsphasen:

1. **Sporenkeimung (Germination):** Ein Pilz-Fruchtkörper kann bis zu einer Milliarde Sporen abgeben. Diese Sporen landen in der Nähe des Pilzes oder werden mit Wind oder Wasser über weite Strecken verbreitet. Die Sporen bilden nach der Keimung lange Fäden, sogenannte „Hyphen".
2. **Verschmelzung der Sporenstränge (Plasmogamie):** Wenn Hyphen von zwei verschieden-geschlechtlichen Sporen aufeinandertreffen, verschmelzen sie und bilden ein Geflecht, das Myzel. Dieses durchzieht in feinen Fäden das organische Substrat, auf dem der Pilz wächst.
3. **Primordium:** Die Bildung des Primordiums (das „Fruchten" des Pilzes) wird je nach Pilzart durch unterschiedliche äußere Umstände ausgelöst – beispielsweise, wenn das Myzel alle in der Umgebung vorhandenen Nährstoffe aufgenommen hat oder eine schnelle Temperaturänderung oder eine Beschädigung des Myzels stattgefunden hat.
4. **Stecknadelkopf:** Der Pilz bildet zuerst winzig kleine Fruchtkörper, die wie Nadelköpfe aussehen.
5. **Pilzkörper mit geschlossenem Hut:** Der Pilz wächst weiter, der Hut bleibt jedoch geschlossen.
6. **Fertiger Pilzkörper mit offenem Hut:** Das Wachstum des Pilzes ist abgeschlossen. Mit dem Abschluss dieser Phase erfolgt die Abgabe der Sporen.
7. **Abgabe von Sporen (Sporulation):** Der Pilz gibt die Sporen ab und der Prozess beginnt wieder von vorne.

INFO

Die Sprache der Pilze

Im Jahr 2021 wurden von Andrew Adamatzky von der Universität von West England in Bristol elektrische Signale gemessen, die eine Art von Kommunikation innerhalb des Pilzmyzels sein könnten. Dazu hat er bei vier verschiedenen Pilzarten, einem Spaltblättling, einem Samtfußrübling, einem Geisterpilz und einem Raupenpilz an verschiedenen Stellen Elektroden in das Myzel eingesetzt. Über den Messzeitraum wurden 50 wiederkehrende Signalmuster gemessen, die in ihrer Abfolge Ähnlichkeiten mit der menschlichen Sprache haben. Der Forscher vermutet, dass es sich um Informationen zum Finden von Nahrungsquellen oder zu möglichen Bedrohungen handelt.

DIE ROLLE DER PILZE IN DER NATUR

Die Rolle der Pilze im Stoffkreislauf Grafik: DSR Rypka; Fotos: Freepik

Verschiedene Arten von Pilzen haben unterschiedliche Aufgaben im Ökosystem. Als wichtigste Zersetzer bzw. Wiederaufbereiter von organischen Substanzen sind Pilze für eine funktionierende Umwelt unumgänglich. Pilze sind die einzigen Lebewesen, die das im Holz enthaltene Lignin zersetzen können. Dieses ist für die Standfestigkeit von Bäumen verantwortlich und besteht aus langen Molekülketten, die von den Pilzen nur in einem komplexen Verfahren aufgeschlüsselt werden können. Ohne Pilze würden in kürzester Zeit riesengroße Mengen an Holz die Erdoberfläche bedecken.

Pilze werden in der Mykologie je nach Lebensweise in drei Kategorien unterteilt: die totes organisches Material zersetzenden Pilze (Saprophyten), die lebendes organisches Material zersetzenden Parasiten und die in Symbiose mit Pflanzen lebenden Mykorrhizapilze. Viele Pilze können sogar mehreren Kategorien zugeordnet werden, daher ist eine eindeutige Zuordnung oft nicht leicht.

Die Zersetzer

Saprophytische Pilze zersetzen totes Pflanzenmaterial. Vor allem Weißfäulepilze können das in Holzzellen enthaltene Lignin sehr effektiv abbauen. Die Bezeichnung „Weißfäule“ kommt daher, dass nach dem Abbau des braunen Lignins nur die farblose Zellulose übrigbleibt. Braunfäulepilze bauen dagegen das Lignin nur in geringem Maße ab und konzentrieren sich vor allem auf Zellulose und Hemizellulose. Dadurch bleibt die braune Farbe des Holzes erhalten. Das Holz zerfällt und es kommt zum sogenannten Würfelbruch.

Der charakteristische Würfelbruch am Holz wird durch Braunfäulepilze hervorgerufen. Foto: SR

Die saprohytischen Pilze werden wiederum in Primär- und Sekundärzersetzer unterschieden.

Bei den meisten Baumpilzen handelt es sich um Primärzersetzer. Diese sind die ersten Zersetzer, nachdem eine Pflanze abgestorben ist. Sie besiedeln Holz oder anderes Pflanzenmaterial, wie beispielsweise Stroh. Zu ihnen gehören die meisten Arten von Zuchtpilzen, wie Austernseitlinge, Shiitake und Samtfußrüblinge.

Sekundärzersetzer dagegen bevorzugen es, bereits vorzersetztes organisches Material weiter zu zersetzen. Sie wachsen auf Kompost, Dung oder Walderde. Champignons und Schopftintlinge werden zu dieser Kategorie gezählt.

Auf alten Bäumen, wie diesem, fühlen sich Pilze wohl. Foto: SR

Die Parasiten

Mit parasitären Pilzen sind Pilze gemeint, die auch lebendes organisches Material besiedeln können. Dazu zählen beispielsweise der Hallimasch, der Birkenporling und viele Erreger von Pilzkrankheiten im Getreideanbau.

Einige Pilzarten leben auch in der ersten Phase parasitär und gehen, sobald der Wirt abgestorben ist, zu einer saprophytischen Lebensart über.

Der Hallimasch ist ein unter Waldbesitzern gefürchteter, parasitär lebender Pilz. Foto: LR

Mykorrhizapilze

Mykorrhizapilze leben in Symbiose mit einer oder mehreren Pflanzenarten. Sie wachsen direkt in die Wurzelzellen der Pflanze ein und versorgen diese über die Mykorrhizaverbindung an den Wurzeln mit wichtigen Nährstoffen, wie Stickstoff und Phosphor. Im Gegenzug erhalten sie von den Pflanzen Kohlenhydrate, die die Pilze nicht selbstständig bilden können. Es wird davon ausgegangen, dass alle Pflanzen und Pilze im Wald über das unterirdische Myzelnetzwerk miteinander verbunden sind und nicht nur Nährstoffe, sondern auch Informationen austauschen. Werden die Myzelfäden in einem Kubikzentimeter Walderde aneinandergereiht, ergibt das eine Länge von über einem Kilometer.

Viele Waldpilze kommen nur zusammen mit ihrer jeweils passenden Pflanzenart vor. Erfahrene Pilzsammler achten immer auf die Baumarten, die in einem Waldabschnitt wachsen. Diese liefern gute Hinweise darauf, welche Pilzarten mit großer Wahrscheinlichkeit vorkommen. Wie der Name schon sagt, kommen Birkenpilze in Verbindung mit Birken vor. Steinpilze oder Eierschwammerl (Pfifferlinge) kommen häufig in Fichtenwäldern vor.

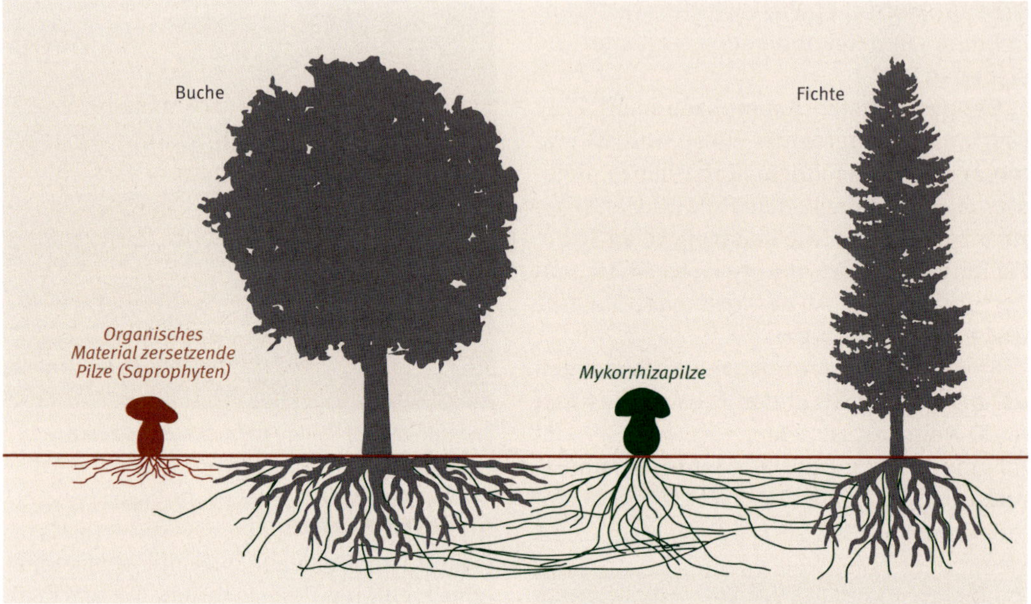

Unterirdische Netzwerke zwischen Pilz und Baum Grafik: DSR Rypka; Illustration: Freepik

Aufgrund der Komplexität dieses Zusammenlebens können Mykorrhizapilze – damit auch Steinpilze und Eierschwammerl – bisher nicht kommerziell gezüchtet werden. Die einzige Ausnahme stellt die Trüffel dar.

Der Steinpilz bildet oft mit Fichten eine Mykorrhizaverbindung aus. Foto: MF

INFO

Durch Umwelt- und Luftverschmutzung oder auch moderne Formen der Waldbewirtschaftung machen wir den Pilzen das Leben immer schwererer. Die schweren Maschinen zum Fällen und Entrinden von Bäumen verdichten den Boden. Das Myzel erhält nicht mehr genug Sauerstoff. Bei der Waldbewirtschaftung mit Kahlschlag werden alle Bäume in einer bestimmten Fläche abgeholzt. Die Bäume werden zwar wieder neu gesetzt, die Pilze verlieren jedoch ihren Mykorrhizapartner und sterben ab. Die neu angesetzten Jungbäume wachsen ohne oder mit schwächer ausgebildeter Mykorrhizaverbindung auf. Die entstehenden Wälder sind anfälliger für Trockenheit und Waldbrände, Schädlingsbefall und speichern geringere Mengen an Wasser.

SPANNENDE PILZE IM DETAIL

Hallimasch

Das größte Lebewesen der Erde ist ein Pilz. Ein im amerikanischen Malheur National Forest im Bundesstaat Oregon befindlicher Hallimasch ist neun Quadratkilometer oder umgerechnet 1.200 Fußballfelder groß. Es wird geschätzt, dass der Pilz bis zu 8.500 Jahre alt sein könnte und die Myzelfäden ein Gewicht von 400 Tonnen haben.

Im Jahr 2004 wurde in der Schweiz der bisher größte Pilz Europas entdeckt. Der in einem Nationalpark beheimatete Hallimasch hat eine Ausdehnung von 800 x 500 Metern oder eine Fläche von 35 Hektar.

Leuchtpilze

Es gibt mehr als 110 Arten von Leuchtpilzen, diese kommen vor allem im subtropischen und tropischen Raum vor. Die Pilze sind mit ihrem klar sichtbaren, grün schimmernden Licht ein faszinierendes Naturschauspiel. Es wird vermutet, dass die Pilze durch das Leuchten in der Nacht Insekten anziehen, die die Sporen der Pilze weiterverbreiten sollen. Auch das Myzel des Hallimaschs leuchtet in der Wachstumsphase.

Im Internet sind sogar Nachttischlampen mit dem leuchtenden Myzel dieser Pilzarten erhältlich.

Der Hallimasch war früher für seine abführende bzw. darmreinigende Wirkung bekannt. Der Name „Hallimasch“ kommt von „Heil im Arsch“. Foto: SR

Stinkmorchel

Die Stinkmorchel verdankt ihren Namen ihrer außergewöhnlichen Verbreitungsstrategie. Der im Frühling in heimischen Wäldern vorkommende Pilz verströmt, nachdem er ausgewachsen ist, einen aasartigen Geruch. Damit lockt er Fliegen an, die den Pilzhut auffressen und so die Sporen weiterverbreiten. In der Volksheilkunde wurde der Pilz auch Gichtmorchel genannt und zur Behandlung von Gicht und Rheuma eingesetzt.

Der Pilz bildet in seiner ersten Wachstumsphase ein sogenanntes Hexenei. Diese Hexeneier können oft im Frühjahr bei Spaziergängen in Mischwäldern gefunden werden und sind essbar. Das Hexenei wird in Scheiben geschnitten und schmeckt nach dem Anbraten ähnlich wie eine Bratkartoffel. Das

Das Hexenei, aus dem die Stinkmorchel wächst, ist essbar. Foto: LR

Aufgeschnittenes Hexenei: In Scheiben geschnitten und angebraten eine Köstlichkeit. Foto: SR

Der Aasgeruch der Stinkmorchel lockt Fliegen an, die zur Verbreitung des Pilzes beitragen.
Foto: LR

Hexenei ist von einer dicken Schleimschicht umgeben. Dieser Schleim wurde in früheren Zeiten sehr geschätzt für seine wohltuenden Wirkungen für die Haut.

Termitenpilz

Lange vor dem Menschen hat sich bereits eine andere Spezies mit der Pilzzucht beschäftigt. Der Termitomyces oder Termitenpilz kommt nur in Symbiose mit Termiten vor und wächst beispielsweise in Ostafrika, den Philippinen und in der Karibik. Die Termiten sammeln in einer Kammer das Substrat, das aus Kot, Blattwerk und organischen Abfällen besteht und versorgen so das Pilzmyzel mit Nährstoffen. Sobald der Pilz ausgewachsen ist, wird er von den Termiten geerntet und aufgefressen. Daraufhin beginnt der Prozess erneut. Ein Termitenpilz hält den Eintrag im Guinness-Buch der Rekorde für den größten Blätterpilz der Welt. Eine Unterart der Gattung, *Termitomyces titanicus,* bildet Pilzhüte aus, die einen durchschnittlichen Durchmesser von einem Meter erreichen. Der Pilz ist außerdem ein ausgezeichneter Speisepilz und ist oft auf Märkten in den Verbreitungsgebieten erhältlich.

Wüsten-Tintenstäubling

Kaum zu glauben, aber auch in der Wüste wachsen Pilze. Der Wüsten-Tintenstäubling wächst in vielen Halbwüsten in Afrika, Asien, Australien und Amerika. Er wächst oft nach Regenzeiten in den sehr trockenen Regionen mit hohen Temperaturen. In arabischen Ländern und Indien gilt der Pilz auch als Speisepilz. Er wird in Südafrika zur Behandlung von Sonnenbrand, im Jemen zum Behandeln von Hautkrankheiten und von der indigenen Bevölkerung Australiens, den Aborigines, zum Färben von Haaren und Bärten eingesetzt.

Cordyceps ssp.

Die Pilze der Gattung *Cordyceps* verfolgen eine gänzlich andere Fortpflanzungsstrategie. Sie befallen Insekten und zwingen diesen ihren Willen auf. Ein Pilz dieser Gattung, *Ophiocordyceps unilateralis*, befällt Ameisen und kontrolliert diese so, dass sie an einem Baum hochklettern und sich genau an der Stelle in ein Blatt verbeißen, wo die perfekten Bedingungen für den Pilz zum Bilden eines Fruchtkörpers vorherrschen. Nach dem Tod der Ameise wächst der Pilz aus deren Kopf heraus und kann so aus großer Höhe seine Sporen aussenden. Diese fallen wiederum zu Boden und infizieren neue Ameisen.

Ein anderer Pilz dieser Gattung, *Cordyceps sinensis*, gilt als der teuerste Pilz der Welt. Ein Kilogramm der getrockneten Fruchtkörper kann bis zu 150.000 € kosten. Der Pilz wächst nur in den Hochregionen des Himalayagebirges und gilt als extrem selten. Er wird vermehrt in der Traditionellen Chinesischen Medizin eingesetzt.

Der tibetische Raupenpilz (*Cordyceps sinensis*) wächst aus dem Kopf der mit Myzel durchwachsenen Raupe. Foto: LR

VITAL- UND HEILPILZE HEUTE

Pilze wurden nachweislich von unseren Vorfahren Jahrtausende lang in der Behandlung von Krankheiten als das Heilmittel erster Wahl eingesetzt. Mit dem Aufkommen der Schulmedizin geriet dieses Wissen in Vergessenheit. Langsam gewinnen auch die Wirkstoffe aus den Pilzen wieder an Bedeutung – einerseits dadurch, dass der Mensch sich wieder vermehrt mit der Umwelt auseinandersetzt und andererseits, weil die Phytotherapie auch immer öfter den Weg in die klassischen Behandlungsmethoden findet.

Bei der Mykotherapie kommen Großpilze und daraus gewonnene Extrakte zum Einsatz. Ihnen wird eine Wirksamkeit in der Krankheitsvorbeugung (Prävention), als unterstützende Behandlung oder in der alleinigen Therapie zugeschrieben. Gesicherte wissenschaftliche Nachweise zu den Wirkungen gibt es derzeit noch keine.

Großpilze, die in der Mykotherapie Verwendung finden, werden als Heil- oder Vitalpilze bezeichnet. Es gibt keine gesetzlichen Bestimmungen für die Verwendung der Begriffe oder in Bezug auf Mindestgehaltmengen an bestimmten Inhaltsstoffen.

Nicht zu den Heilpilzen zählen jene Pilze, die nur unter dem Mikroskop zu identifizieren sind, wie etwa Hefen oder Schimmelpilze. Diese Schimmelpilze produzieren medizinisch bestätigte, wirksame Therapeutika, wie zum Beispiel Penicillin oder Cyclosporin.

Ähnlich wie bei manchen Heilkräutern fehlen hieb- und stichfeste wissenschaftliche Beweise für die Wirksamkeit, dennoch wäre es falsch, daraus die Schlussfolgerung zu ziehen, dass die Inhaltsstoffe von Pilzen per se keine Wirkung hätten.

In der Anwendung von Heilpflanzen sind europäische Standards mit Qualitätsanforderungen für die Phytopharmaka vorhanden. Für Pilze gibt es in Europa nichts Vergleichbares – im Gegensatz zu China und den USA. Die Ausnahme bilden einige wissenschaftliche Abhandlungen (Monografien) zu Pilzen, die langsam in der Komplementärmedizin zur Anwendung kommen.

Verwendung von Pilzen

Großpilze können als Lebensmittel, als Nahrungsergänzungsmittel oder als Medikament verwendet werden. Die meisten Menschen essen Pilze, weil sie sie mögen. Einige Personen nutzen Vitalpilze bewusst als „Gesundheitskomponente“ am Speiseplan. Andere versuchen eine Erkrankung oder Nebenwirkung mit Heilpilzen zu behandeln oder den Körper neben der medizinischen Versorgung zu unterstützen, und verwenden dazu geprüfte Präparate (Arzneimittelqualität). Jener Anteil, der nicht als Lebensmittel oder zur Medikation verwendeten Pilze, wird als Nah-

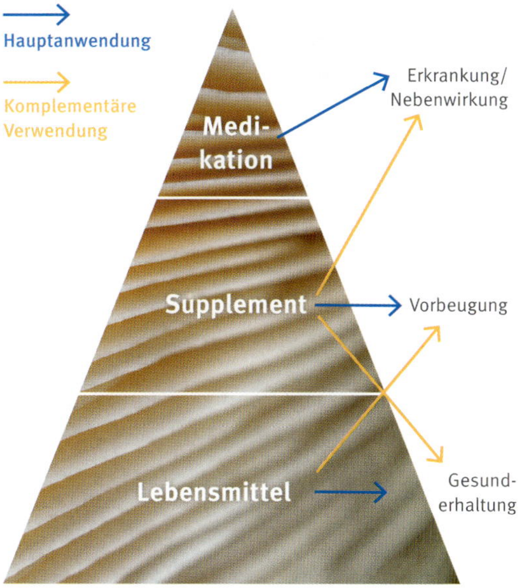

Motive zur Verwendung von Pilzen
Foto: MF; Grafik: DSR Rypka

rungsergänzungsmittel zugeführt. Nahrungsergänzungsmittel sind Lebensmittel mit einer ernährungsspezifischen oder physiologischen Wirkung. Sie dienen der Ergänzung der normalen Ernährung des Menschen, können eine abwechslungsreiche Ernährung jedoch nicht ersetzen!

Nahrungsergänzungsmittel sind Konzentrate, die zur Aufnahme in kleinen, dosierten Mengen gedacht sind. Sie dürfen nur verpackt an Endkunden abgegeben werden. Die Einnahme von Nahrungsergänzungsmitteln ist nur für bestimmte Personengruppen sinnvoll und für die Durchschnittsbevölkerung aus ernährungswissenschaftlicher Sicht nicht dauerhaft notwendig. Kranke Personen sollten den Verzehr immer mit behandelnden Ärzten absprechen.

Überblick über bioaktive Substanzen

Die ernährungsspezifischen oder physiologischen Wirkungen von Vital- und Heilpilzen gehen auf die bioaktiven Substanzen zurück. Diese lassen sich in zwei große Gruppen unterteilen: die Polysaccharide (mehrkettige Zuckermoleküle) und sekundäre Metaboliten (chemische Substanzen, die von Pilzen gebildet werden).

Während Polysaccharide in allen Vitalpilzen vorkommen, sind die sekundären Metaboliten von Pilz zu Pilz verschieden.

Polysaccharide in Pilzen	
Name	**Wirkung**
α-1,3-Glucan	Cholesterinstoffwechsel
β-D-Glucan (viele Unterarten)	Positiver Einfluss auf Blutzuckerspiegel, Cholesterinstoffwechsel, Darmbakterien, Immunreaktion, antikanzerogene Eigenschaften
Proteoglycan (Komplex aus Protein und Polysaccharid)	Immunsystem regulierende Wirkung
Lektin	Antibiotische Wirkung

Sekundäre Metaboliten	
Name	**Wirkung**
Adenosin	Effekt auf Herz- und Gefäßsystem
Agaritin	antivirale, antikanzerogene Wirkung
Ergosterol	Hemmung der Neubildung von Blutgefäßen
Ergosterolperoxid	antientzündliche Beeinflussung
Erinacine	neuroregenerative Stimulation
Lenthionin	antibakterielle Wirkung
Natriumpyroglutamat	Hemmung der Blutgefäßneubildung
Nukleinsäure-Komplexe	Speicherung von genetischen Informationen
Polyphenole	antioxidative Wirkung

Sekundäre Metaboliten	
Name	**Wirkung**
Statine	beeinflussen den Cholesterinstoffwechsel
Terpene	antimikrobielle Eigenschaften
Terpenoide	entzündungshemmende Wirkweise

Überblick über bioaktive Stoffe in Pilzen und deren Wirkung auf den menschlichen Organismus

Vital- und Heilpilzprodukte

Die generelle Empfehlung lautet: Bauen Sie vermehrt wertvolle Speisepilze (Austernseitling, Igelstachelbart, Shiitake) in den wöchentlichen Speiseplan ein. Austernseitlinge und Shiitake sind zwar im Handel gut erhältlich, dennoch ist diese Empfehlung aufgrund der Mengen oder saisonaler Verfügbarkeiten nicht immer umsetzbar. Die Mykotherapie setzt aus diesen Gründen vorwiegend Pulver und Extrakte ein. Bei der Verwendung von Vitalpilzkapseln oder höheren Mengen an Pulver und Extrakten ist mit niedrigen Dosierungen zu beginnen, um mögliche Unverträglichkeiten abzuklären bzw. auch den Verdauungstrakt daran zu gewöhnen. Pulverisierte Pilze werden zumeist als Kapseln angeboten, Extrakte in Fläschchen mit Pipette. Gelegentlich finden sich auch pulverisierte Produkte für Heißaufgüsse (Tees). Auf eine ausreichende Flüssigkeitszufuhr ist zu achten!

Pilzpulver wird aus getrockneten Pilzen oder dem getrockneten Myzel hergestellt. Foto: MF

Bei Pilzpulverprodukten ist immer der ganze Fruchtkörper verarbeitet. Bei Extrakten werden durch Wasser oder Alkohol im sauren oder basischen Milieu die löslichen Inhaltsstoffe des Fruchtkörpers oder Myzels herausgefiltert und dann in gelöster Form oder getrocknet als Extraktpulver angeboten.

Hochwertige Produkte weisen den Gehalt an Wirkstoff auf der Verpackung aus. Dies sollte immer die Grundlage der Kaufentscheidung sein, da am Markt sehr viele Produkte vorhanden sind, die zwar aus den Pilzen hergestellt sind, aber nicht die maßgeblichen Mengen an Wirkstoff enthalten.

Produkte aus Fruchtkörpern weisen andere Zusammensetzungen auf als Nahrungsergänzungsmittel aus Myzelmaterial desselben Pilzes.

Es ist keine Aussage möglich, welches Produkt zu bevorzugen ist, ob Pulver oder Flüssigextrakt oder doch der Frischpilz. Wichtig sind die Herkunft (Schadstoffbelastung der Umwelt) und die Anbauweise (Biologische Pilzzucht). Bei Fragen wenden Sie sich dazu an Ärzte und Mykotherapeuten.

INFO

Eine kleine Anzahl an Vital- und Heilpilzen (z. B. Austernseitlinge, Shiitake, Igelstachelbart) unterliegt dem Lebensmittelrecht. Sie dürfen als Lebensmittel vertrieben werden. Aufgrund von Konsistenz und bitterem Geschmack dürfen einige Pilze (z. B. Chaga, Birkenporling) nicht als Lebensmittel verkauft werden. Diese werden vor allem als Nahrungsergänzungsmittel angeboten. Eine Bewerbung mit gesundheitsbezogenen Daten ist gesetzlich verboten! Zudem gibt es auch Pilze, die weder als Lebensmittel noch als Nahrungsergänzungsmittel vertrieben werden dürfen (z. B. psychoaktiv wirkende Pilze). Genauere Informationen gibt es hier: www.ages.at oder https://myk.univie.ac.at/

Pilz	Einsatzmöglichkeit
Austernseitling *(Pleurotus ostreatus)*	Blutfettspiegel Blutzuckerschwankungen Entzündungen/Schmerzen
Chaga *(Inonotus obliquus)*	Immunmodulation Magen-Darm-Probleme
Cordyceps *(Ophiocordyceps sinensis)*	Nierenfunktionsstörungen Körperleistungsfunktionen (Aktivitäts-Erholungsleistung) Lungenfunktionsstörungen
Eichhase *(Polyporus umbellatus)*	Störungen des Flüssigkeitshaushalt (entwässernd) Immunmodulierend
Igelstachelbart *(Hericium erinaceus)*	Magen-Darm-Probleme Neurodegenerative Prozesse Fettstoffwechselstörungen
Judasohr *(Auricularia auricula judae)*	Fettstoffwechselstörungen Entzündliche Reaktionen der Haut/Augen Blutgerinnungsveränderungen
Mandelpilz *(Agaricus subrufescens)*	Immunmodulation Entzündliches Darmgeschehen/ Verdauungsprobleme Blutzuckerschwankungen

Pilz	Einsatzmöglichkeit
Maitake *(Grifola frondosa)*	Metabolisches Syndrom Knochenstoffwechselstörungen
Reishi *(Ganoderma lucidum)*	Blutdruckschwankungen Immunmodulierend Anti-Aging
Samtfußrübling *(Flammulina velutipes)*	Immunmodulation Konzentrationsstörungen
Schopftintling *(Coprinus comatus)*	Stoffwechselerkrankungen Unterstützung der Leberfunktion
Shiitake *(Lentinula edodes)*	Stärkung des Immunsystems Blutfettspiegel Atherosklerotische Veränderungen

Überblick über die am häufigsten eingesetzten Vital- und Heilpilze

Der Chaga-Pilz wächst auf Birken. Foto: LR

Chaga-Pilz geerntet Foto: LR

INHALTSSTOFFE

Schon seit Urzeiten dienen Pilze den Menschen als Nahrungsquelle. Sie liefern Eiweiß und waren wohl auch durch ihre Vielfalt an Aromen am Speiseplan willkommen. Die sichere Bestimmung von Wildpilzen wurde von Generation an Generation mündlich weitergegeben, bis der Buchdruck die Möglichkeit schuf, dieses Wissen auch schriftlich festzuhalten.

In Kriegs- und Notzeiten waren Pilze als Nahrungsquelle quer durch alle Bevölkerungsschichten begehrt, um sich einfach und günstig mit Nährstoffen zu versorgen.

In einigen Regionen Österreichs wurden im Zweiten Weltkrieg in Höhlen und Stollensystemen Champignons gezüchtet. Einige dieser Zuchtanlagen sind bis heute erhalten – in Deutschland sind manche davon noch in Betrieb. Mit der Konservierung von Pilzen durch Trocknung, saures Einlegen oder Einsalzen war es möglich, sich das ganze Jahr über damit zu versorgen. Das Tiefkühlen wurde erst in den Nachkriegsjahren für die breite Bevölkerung als weitere Methode des Haltbarmachens zugänglich.

Der weltweit meistverzehrte Pilz ist der Shiitake, gefolgt von Austernseitling, Judasohr und dem Champignon. Diese Reihenfolge erklärt sich durch die hohe Beliebtheit des Shiitake bzw. der geringen Beliebtheit des Champignons in asiatischen Ländern. Allein in China werden 93 % der weltweit gezüchteten Pilze angebaut und konsumiert.

Während sich die Weltbevölkerung seit 1978 nicht ganz verdoppelt hat (von 4,2 Milliarden 1978 auf 8 Milliarden 2022), hat sich die Produktionsmenge an Speisepilzen in diesem Zeitraum fast verfünfzigfacht: von einer Million Tonnen im Jahr 1978 auf 48,2 Millionen Tonnen im Jahr 2022. Allein in den Jahren 2010 bis 2022 hat sich die weltweite Erntemenge verdoppelt (siehe Abbildung). Gemäß der Hessischen Landesfachgruppe Pilzbau spiegelt sich diese Entwicklung auch in Deutschland wieder. Während im Jahr 2014 noch 2.500 Tonnen Edelpilze produziert wurden, lag die Erntemenge im Jahr 2021 bereits bei 5.050 Tonnen. Davon wurden allein 3.400 Tonnen Kräuterseitlinge, 700 Tonnen Shiitake und etwa 100 Tonnen Austernseitlinge geerntet.

Im Jahr 2023 entfielen rund 85 % aller Speisepilze im deutschsprachigen Raum auf die Zuchtsorten Champignon, Austernseitling, Shiitake, Judasohr und Samtfußrübling.

Mittlerweile gibt es auch viele Untersuchungen zu den Inhaltsstoffen von Speisepilzen, die den Wert für den menschlichen Körper belegen. Dabei ist auf die Vergleichbarkeit der Daten zu achten, da Pilze innerhalb kürzester Zeit ihre Inhaltsstoffe an die Umgebung und den Reifegrad anpassen.

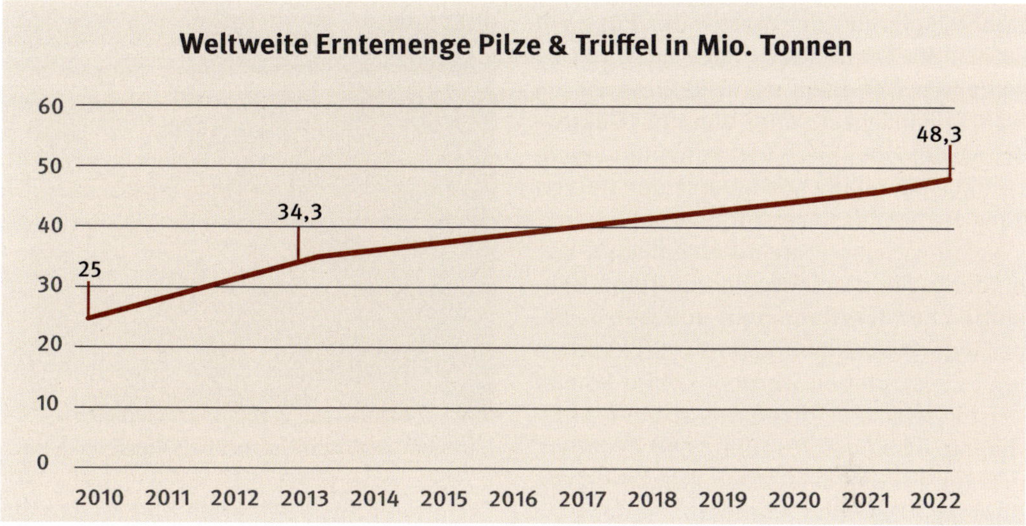

Entwicklung der weltweiten Erntemengen an Pilzen und Trüffeln in Mio. Tonnen in den Jahren 2010 bis 2022
Quelle: FAO

Veränderungen bei Sauerstoffgehalt, Licht (UVB) und Luftfeuchtigkeit können innerhalb von Minuten die Ergebnisse bei Vitaminen und Wassergehalt beeinflussen und sie somit nicht mehr vergleichbar machen. Angaben von Nährstoffen, Mineralstoffen und Spurenelementen von Pilzen sind bei Frischpilzen immer Momentaufnahmen und mit großen Abweichungen verbunden. Publikationen von Inhaltsstoffen bei getrockneten Pilzen (Angabe zu Werten von Pilzen in der Trockenmasse) sind meist genauer, wobei hier ebenso das Zustandekommen der Daten hinterfragt werden darf.

Aufgrund dieses Wissens sind alle Angaben zu Inhaltsstoffen in diesem Buch als „nicht in Stein gemeißelt" zu verstehen und dienen nur als Anhaltspunkte!

ALLGEMEINE VERZEHREMPFEHLUNGEN

Pilze haben in den verschiedenen Kulturen unterschiedliche Stellenwerte am Speiseplan. In Deutschland und Österreich liegt der Pro-Kopf-Verzehr von Pilzen bei rund zwei Kilogramm jährlich. Im Vergleich dazu verspeist jeder Chinese im Durchschnitt etwa 20 kg Pilze pro Jahr.

Die deutsche Gesellschaft für Ernährung (DGE) empfiehlt, so wie die Österreichische Gesellschaft für Ernährung (ÖGE), nicht mehr als 250 g Wildpilze pro Woche und Person zu verzehren. Diese Menge ergibt sich aus den immer noch vorhandenen Strahlenbelastungen nach dem Reaktorunfall in Tschernobyl im Jahr 1986.

Für Zuchtpilze werden keine gesonderten Verzehrempfehlungen veröffentlicht. Es scheint nichts dagegenzusprechen, höhere Mengen an Zuchtpilzen zu verspeisen. Allerdings sei darauf hingewiesen, dass aufgrund der hohen Ballaststoffdichte von Pilzen ein plötzlicher Verzehr von großen Mengen zu Darmbeschwerden führen kann.

Unabhängig von der Menge der Pilze gilt jedoch die Empfehlung, Pilze nicht roh zu verzehren. Vor allem bei Wildpilzen ist die Wahrscheinlichkeit, dass diese mit Bakterien, Maden oder Eiern von Parasiten verunreinigt sind, relativ hoch. Durch den Garvorgang werden diese zerstört.

Lektin ist eine Protein-Kohlenhydrat-Verbindung, die die Zellwand von roten Blutkörperchen (Erythrocyten) auflösen kann, der jedoch auch antibiotische Eigenschaften zugeschrieben werden. Lektin kommt beispielsweise in Pilzen wie dem Samtfußrübling, dem Austernseitling und dem Perlpilz vor. Lektine sind durch ihre Eiweißverbindung hitze- und säurelabil, sodass sie ihre negativen Eigenschaften durch den Garprozess verlieren. Neben dem Erhitzen kann auch ein „Kaltgarverfahren“ mit Säure angewandt werden. Die Säure in Zitrone oder Essig tötet auch Bakterien und Maden ab, wenn sie in einer ausreichenden Konzentration und Menge vorhanden ist. Diese Variante wird beispielsweise bei Wildpilzcarpaccio oder Cevichegerichten angewandt.

Der Samtfußrübling ist auch als Enoki bekannt.
Foto: MF

NÄHRWERTE

Der früher oft bekannte Satz: „Pilze sind das Fleisch des Waldes“ ist mit heutigem Wissensstand in Bezug auf die Nährwerte nicht mehr gültig. Pilze bestehen zum größten Teil aus Wasser. Der Gehalt an Wasser liegt zwischen 80 und 95 % in der Frischpilzmasse. Das heißt, dass in 100 g frischen Pilzen nur 5 bis 20 g Trockenmasse enthalten sind. Die Trockenmasse ist jene Masse, die nach dem Trocknen übrigbleibt. Damit liefern Pilze wenig Energie, sind somit kalorienarm, haben wenig Fett, Eiweiß und Kohlenhydrate.

Eiweiß

Der Proteingehalt (Eiweißgehalt) von 100 g Frischpilz ist mit einer Varianz von 2–5 % ungefähr vergleichbar mit dem einer faustgroßen Kartoffel oder einem halben Becher Fruchtjoghurt (180 g). Beim Trocknen kommt es zu einer Konzentration der festen Bestandteile. Dies führt dazu, dass der Eiweißgehalt sich bei den getrockneten Pilzen auf 20–50 % steigert. Auf den ersten Blick ein verlockend hoher Gehalt, der sich bei genauerer Betrachtung allerdings relativiert. 100 g Trockenpilz sind eine enorme Menge, die als tägliche Verzehrsmenge nicht empfohlen wird! Sowohl im Frischpilz wie auch im getrockneten Pilz sind unverdauliche Kohlenhydrate vorhanden, die die Verfügbarkeit der Proteine für den menschlichen Körper verringern.

Die biologische Wertigkeit von Eiweiß in Lebensmitteln ist aber nicht ausschließlich vom Gehalt abhängig, sondern primär von den vorkommenden Aminosäuren – den kleinen Bausteinen der Proteine. Einige dieser Aminosäuren kann der Mensch nicht selber bilden, sie werden als essentielle

Aminosäuren bezeichnet. Der Körper ist darauf angewiesen, dass diese essentiellen Aminosäuren durch Lebensmittel zugeführt werden. Einige Pilze enthalten alle dieser essentiellen Aminosäuren, anderen fehlen einige. Die biologische Wertigkeit der Proteine eines Lebensmittels ist ein Maß dafür, mit welcher Effizienz diese in körpereigene Proteine umgesetzt werden können. Sie ist damit eine Möglichkeit einen Vergleich unter Lebensmitteln anzustellen. Das Referenzlebensmittel ist das Ei mit einer biologischen Wertigkeit von 100 und weist damit die höchste Eiweißqualität auf. Bei Pilzen ist dieser Wert in der Literatur mit 34 angegeben.

Pilzart	Eiweißgehalt (% i. TM)	Essentielle Aminosäuren
Austernseitling *(Pleurotus ostreatus)*	25	kein Tryptophan
Champignon *(Agaricus bisporus)*	30	alle
Igelstachelbart *(Hericium)*	32	kein Tryptophan, kein Methionin
Shiitake *(Lentinula edodes)*	26	alle
Steinpilz *(Boletus edulis)*	40	alle

Essentielle Aminosäuren in ausgewählten Pilzen

Fett

Der Fettgehalt spielt bei Pilzen keine relevante Rolle. Mit einem Gehalt von unter 0,4 % Fett auf 100 g Frischpilz gelten sie als nahezu fettfrei und sehr energiearm. Ausschlaggebend bei den Pilzen ist oftmals die Zubereitungsart, ob der niedrige Fettgehalt gehalten werden kann. Durch Frittieren oder Herausbacken in Öl geht die Energiebilanz von Pilzspeisen deutlich nach oben.

Pilzart	Fett (%)	Wasser (%)	Kohlenhydrate (%)	Energie (kcal)
Austernseitling *(Pleurotus ostreatus)*	2,3	90,1	5,9	11–33
Champignon *(Agaricus bisporus)*	0,3	91,0	2,6	15–22
Igelstachelbart *(Hericium)*	0,4	92,1	2,2–3,3	33
Shiitake *(Lentinula edodes)*	0,3	91,6	5,8	34

Nährwert von Pilzen bezogen auf 100 g Frischpilz
(nach Souci et al. 2008, BLS Version 3.02, G&U 2010/2011, Mattila et al. 2002)

Kohlenhydrate

Die meisten Kohlenhydrate in den Pilzen sind für den Menschen schwer verdaulich, teilweise sogar unverdaulich. Allerdings spielen diese Kohlenhydrate als Ballaststoffe eine wichtige Rolle für die Darmgesundheit. Die verdaubaren Zucker (Mannose, Mannitol, Trehalose und Glucose) sind nur zu etwa 0,8 % in 100 g Frischpilzen enthalten. Trehalose ist ein Zweifachzucker, der vor allem im Austernseitling vorkommt.

Einige Menschen können das Enzym Trehalase, das die Trehalose in einzelne Zuckermoleküle spaltet, nicht bilden. Das führt dazu, dass bei diesen Personen Symptome wie Erbrechen, Magenschmerzen und Durchfälle nach dem Pilzverzehr auftreten. In diesem Fall handelt es sich nicht um eine Pilzvergiftung im herkömmlichen Sinn, sondern um eine Unverträglichkeitsreaktion auf Basis einer fehlenden Enzymbildung.

Bei den nicht verdaubaren Kohlenhydraten kommt dem Chitin (β-D-Glucan), dem Pleuran (β-D-Glucan) und anderen Glucanen (z. B. β-1,3-Glucan, α-1,4-Glucan, α-1,6-Glucan) eine besondere Bedeutung zu. Diese Kohlenhydrate stellen eine wichtige Nahrungsquelle für die Darmbakterien dar. Sie beeinflussen damit die Darmflora und in weiterer Folge das Immunsystem.

Die Ballaststoffgehalte von Pilzen variieren in der Literatur, aufgrund von verschiedenen Bestimmungsmethoden, sehr stark. Im Durchschnitt liegt deren Gehalt bei etwa 2–4 g Ballaststoffen pro 100 g Frischpilz.

VITAMINE, MINERALSTOFFE, SPURENELEMENTE

Pilze dienen dem Menschen als wertvolle Vitamin, Mineralstoff-, und Spurenelementlieferanten. Je nach Pilzart unterscheiden sich die Gehalte von einzelnen Vitaminen stark. Nahezu alle Speisepilze ermöglichen eine gute Versorgung mit den Vitaminen der B-Gruppe (mit Ausnahme von Vitamin B12). Zudem finden sich gute Gehalte an Vitamin K, je nach Zuchtort Vorstufen von Vitamin D2 und in einigen Pilzen auch Vitamin C (Austernseitling).

Nicht zu unterschätzen sind die Pilze als Mineralstoff- und Spurenelementlieferanten. Neben den Mineralstoffen Calcium, Kalium, Magnesium und Eisen finden sich auch nennenswerte Mengen an Mangan, Folsäure und Selen.

Die Vitamine der Vitamin-B-Gruppe spielen eine tragende Rolle im Zellstoffwechsel. Sie sind meist Vorstufen von Enzymen und nehmen so Einfluss auf das Geschehen im Körper beispielsweise im Hormonstoffwechsel, bei der Blutbildung, bei der Verstoffwechselung von Nährstoffen und bei der Nervenfunktion. Vitamine, Mineralstoffe und Spurenelemente kann der Körper nicht selber bilden, er ist auf eine externe Zufuhr über Lebensmittel angewiesen.

INFO

In einigen Speisepilzen wurde Vitamin B12 nachgewiesen. Pilze können dieses Vitamin jedoch nicht selbst herstellen, sondern nehmen es über den Boden auf. Bei Zuchtpilzen sind die Gehalte von Vitamin B12 abhängig vom Ausgangsmaterial. Eine gute und ausreichende Versorgung von Vitamin B12 durch Pilze ist im Rahmen einer gesunden und abwechslungsreichen Ernährung nicht möglich!

Pilz	Niacin (B3; mg)	Pyridoxin (B6; mg)	Calcium (mg)	Magnesium (mg)	Folsäure (mg)
Austernseitling *(Pleurotus ostreatus)*	10	0,09	12	13	0,051
Champignon *(Agaricus bisporus)*	5,2	0,065	10	13	0,025
Shiitake *(Lentinula edodes)*	2	0,05	3	14	0,025

Vitamine, Mineralstoffe und Spurenelemente bezogen auf 100 g Frischpilz

INFO

Je nach Alter und Geschlecht des Menschen verändern sich die empfohlenen Zufuhrmengen an Nährstoffen, Vitaminen, Mineral- und Spurenelementen. Für Schwangere und Stillende gibt es nochmals eigene Empfehlungen. Empfehlungen für die Zufuhrmengen findet man auf: www.dge.de oder

https://www.gesundheit.gv.at/leben/ernaehrung/info.html

Aufgrund der Tatsache, dass Pilze Schwermetalle wie Blei, Cadmium, Quecksilber oder radioaktive Isotope wie Cäsium 137 in ihren Fruchtkörpern anreichern können, ist es von Bedeutung zu wissen, woher die Pilze stammen, bzw. woher die Ausgangsmaterialien für die Pilzzucht stammen.

In der Verordnung (EU) 2023/915 der Kommission vom 25. April 2023 über Höchstgehalte für bestimmte Kontaminanten in Lebensmitteln sind die Grenzwerte für Pilze festgelegt. Für wilde Pilze gilt beispielsweise ein Höchstgehalt von Blei von 0,8 mg/kg Frischgewicht.

Sonderstatus Vitamin D

Vitamin D hat einen bedeutenden Einfluss auf den Hormonhaushalt. Es hat eine Schlüsselposition im Calcium- und Phosphatstoffwechsel und somit auf die Knochenzusammensetzung. Pilze in der Natur können über eine Vorstufe durch Sonneneinstrahlung Vitamin D2 bilden. In der Erwerbspilzzucht findet diese Vitamin D2-Bildung nicht statt, da sich die Zuchtanlagen meist in Bunkern oder Hallen befinden, die keine natürlichen Lichteinflüsse zulassen. Untersuchungen haben gezeigt, dass Pilze, die vor bzw. auch nach der Ernte einer UV-Strahlung ausgesetzt werden, die Eigenschaft besitzen, Vitamin D2 zu bilden.

Werden frisch geerntete Pilze (etwa 100 g) für etwa zehn Minuten mit der Lamellenseite nach oben in die Sonne gelegt, kann ausreichend Vitamin D2 gebildet werden, um den Bedarf an Vitamin D eines durchschnittlichen Erwachsenen für einen Tag zu decken. Werden diese Pilze nach dem „Sonnenbad" getrocknet, bleibt ein Großteil dieses Vitamins erhalten.

Vitamin D ist ein fettlösliches Vitamin und als solches für den Körper nur in Kombination mit Fetten und Ölen verwertbar. Das heißt: In den Mahlzeiten sollte eine Fettkomponente enthalten sein, um dem Körper möglichst viel Vitamin D zuzuführen.

In den Lamellen von frisch geernteten Pilzen kann mit Sonnenlicht Vitamin D gebildet werden.
Foto: MF

INFO

Als Umami wird die fünfte Geschmacksrichtung bezeichnet. Das fleischig-würzige Empfinden wird durch Eiweißbausteine, die Aminosäuren Glutamin und Asparagin, erzeugt.

In eiweißhaltigen Lebensmitteln, wie Fleisch, Käse, Hülsenfrüchten oder Pilze, sind diese Aminosäuren reichlich vorhanden.

Umami nimmt auch Einfluss auf unser Hunger- und Sättigungsgefühl, indem es uns länger satt fühlen lässt. Sogar Muttermilch kann nach Umami schmecken.

PILZE ALS AROMATISCHE ZUTAT

Die unzähligen Pilzarten weisen eine erstaunliche Vielfalt an Aromaverbindungen auf. Die typische Geruchsnote ist die alkoholische Verbindung 1-Octen-3-ol (kurz Octenol), die oft mit erdig, pilzig, herb, warm beschrieben wird. Der geschmackliche Wert liegt im Aroma der freien Aminosäuren. Hier ist es vor allem die Ausbildung des Umami-Geschmacks, der als fleischig-würzig eine eigene Geschmacksrichtung charakterisiert. Pilze haben einen hohen Gehalt an der freien Aminosäure Glutamin, die für den ausgeprägten würzigen und fleischähnlichen Geschmack verantwortlich ist.

Der Großteil der Pilze kann ohne nennenswerte Verluste von Aromen als getrocknete Ware in Rezepten als natürlicher Geschmacksverstärker zum Einsatz kommen. Für einige wenige Pilze (z. B. Eierschwammerl) ist das Trocknen als Haltbarmachungsart der ersten Wahl nicht optimal. Sie sollten am besten frisch verkocht oder in Essig oder Öl eingelegt werden.

Eierschwammerl, in Deutschland auch Pfifferlinge genannt, sollten nicht getrocknet werden, da sie dabei viel von ihrem Geschmack einbüßen. Beim Einlegen bleibt ihr Aroma weitgehend erhalten.
Foto: LR

PILZARTEN IM PORTRAIT

Die folgende Auswahl an Edelpilzen ist nach deren Ansprüchen an den Pilzzüchter gereiht. Pilze mit dem Zusatz einfach sind für Einsteiger geeignet, aber auch für Menschen, die Pilzzucht mit einem überschaubaren Zeitaufwand betreiben möchten. Pilze mit dem Schwierigkeitsgrad mittel sind für Fortgeschrittene empfohlen, jene mit dem Prädikat schwer eher für professionelle Pilzzüchter oder jene, die sich intensiv damit beschäftigen wollen.

SCHWIERIGKEITSGRAD EINFACH

für Anfänger geeignet:

- Austernseitling
- Champignon
- Riesenträuschling
- Rosenseitling
- Samtfußrübling
- Schmetterlingstramete
- Shiitake
- Sommer-Austernseitling
- Zitronenseitling

SCHWIERIGKEITSGRAD MITTEL

für Pilzzüchter mit Vorerfahrung geeignet:

- Igelstachelbart
- Judasohr
- Kräuterseitling
- Schopftintling

SCHWIERIGKEITSGRAD SCHWER

für ambitionierte Pilzzüchter geeignet:

- Buchenrasling
- Glänzender Lackporlig (Reishi)
- Goldkäppchen
- Klapperschwamm (Maitake)
- Pioppino

SCHWIERIGKEITSGRAD EXPERIMENTELL

für experimentierfreudige Pilzzüchter geeignet:

- Schwarze Trüffel
- Speisemorchel

Edelpilze bieten eine Vielfalt an Formen, Farben und Geschmäckern. Foto: LR

AUSTERNSEITLING

Lateinischer Name: *Pleurotus ostreatus*
Andere Namen: Austernpilz, Kalbfleischpilz, Buchenschwamm, Austernschwamm
Schwierigkeitsgrad: einfach
Farbe Sporenpulver: weiß bis violett
Substrat: Holz, Stroh, Kaffeesatz

Austernseitling in der Natur Foto: LR

Merkmale

5–18 cm breiter Fruchtkörper, Hutfarbe weißgrau bis dunkelbraun, weiße Lamellen, die am Stiel herablaufen, glatte glänzende Huthaut

Vorkommen in der Natur

Austernseitlinge kommen weltweit vor, auch in Österreich und Deutschland. Sie wachsen zwischen November und März büschelig auf alten Laubbäumen.

Geeignete Anbaumethoden

Holzstämme, Pilzbeet (Stroh, Holzchips, Sägespäne), Strohballen, Substratblock/Fertigkultur, Kaffeesatz, Strohpellets, Laubholzpellets

Beste Zeit zum Anlegen der Kultur

Kulturen in Innenräumen können das ganze Jahr über angelegt werden. Im Freien idealerweise im Frühling oder Herbst.

TIPPS zum Anbau

Austernseitlinge sind robust und wachsen sehr schnell auf vielen verschiedenen Substraten. Der ideale Pilz zum Einstieg in die Pilzzucht. Beim Anbau auf Holzstämmen sollten diese nach der Durchwachsphase an einem Ende 20–30 Zentimeter eingegraben werden. Der Kontakt mit Bodenorganismen wirkt sich förderlich auf das Pilzwachstum aus.

Wachstumsbedingungen

Durchwachsphase: 20–24 °C, 14– 22 Tage
Fruchtungseinleitung: 6–15 °C; 90–95 % Luftfeuchte
Fruchtungsbedingungen: 5–20 °C; über 85 % Luftfeuchte
Erntewellen: 2–4

Wissenswertes

Austernseitlinge wurden zum ersten Mal in Deutschland während des ersten Weltkrieges gezüchtet. Da Fleisch zu dieser Zeit knapp war, sollte der Austernseitling eine Fleischalternative darstellen.

Austernseitlinge können lebende Organismen „verdauen“. Das Myzel dieses Pilzes kann beim Durchwachsen von altem Holz auch darin enthaltene Fadenwürmer besiedeln und zersetzen.

Der Name Austernseitling ist dem Aussehen der Wuchsform (traubenartig, büschelig) geschuldet, und erinnert an die Austernbänke in den Meeren.

Frische Austernseitlinge, die am perfekten Erntezeitpunkt geerntet wurden, können am gerade noch nach unten gedrehten Hutrand erkannt werden. Sie haben eine feste Kappe, die sich angenehm kühl anfühlt. Hat sich bereits ein weißer Flaum auf der Oberseite der Kappe gebildet, der sich trocken und weich anfühlt, kann der Pilz noch verwendet werden.

Es handelt sich dabei um das Myzel des Austernseitlings. Ist das Myzel auf der Pilzkappe feucht, schleimig/schmierig, so ist der Pilz bereits in das Verwesungsstadium übergegangen und darf nicht mehr verzehrt werden!

Sensorik

Der oft verwendete Name „Kalbfleischpilz“ erinnert an den fleischähnlichen Geschmack. Der Austernseitling ist reich an Glutaminsäure (Umami), hat Pilzaromen, kommt aber nicht an das Aroma von Steinpilzen heran. Die Konsistenz der Kappe ist in gegartem Zustand weich und zart, die Stiele/Strünke sind etwas bissfester bis leicht zäh.

Inhaltsstoffe und gesundheitliche Wirkungen

Der Austernseitling zeichnet sich durch seine Vielzahl an Ballaststoffen aus. Das reichlich vorhandene Pleuran (ein β-Glucan) wirkt positiv auf die Darmbakterien und den Blutfettspiegel. In der Natur gesammelte Pilze können je nach Standort und Sonneneinstrahlung enorme Mengen an Vitamin D2 produzieren, das hitzestabil ist. Zudem ist er einer der wenigen Pilze, die auch Vitamin C in nennenswerten Mengen enthalten.

Nur der gegarte Pilz kann seine Wirkungen ausspielen. Sowohl in der Kappe als auch im Strunk sind dieselben Inhaltsstoffe vorhanden. Nicht vollständig durcherhitze Pilze können zu Verdauungsstörungen, Durchfall und Übelkeit führen. Personen, die genetisch einen Trehalase-Mangel haben, sollen auf den Austernseitling verzichten! Frische Austernseitlinge haben kaum Histamin und sind entsprechend der FODMAP-Diät bei Reizdarm gut im Speiseplan einsetzbar.

Verwendung in der Küche

Der Austernseitling ist vielseitig einsetzbar. Große Kappen können paniert oder mit Backteig überzogen frittiert werden. Das Öl dafür gut erhitzen und beidseitig die Pilzkappen darin mehrere Minuten frittieren. Die Pilzhüte können für Pfannengerichte auch entlang der Lamelle gerissen werden. Klein geschnitten kann der gesamte Pilz (Hut und Strunk) verwendet werden. Der Strunk ist fester und braucht etwas länger, bis er weich ist, als die Kappe. Als Ersatz von faschiertem Fleisch ist er in fleischlosen Gerichten bestens geeignet.

Bei der Verwendung von Küchenmaschinen/Cuttern ist darauf zu achten, dass der Fruchtkörper vorzerteilt wird, damit die Pilze nicht zu lange in der Maschine zerkleinert werden. Bei zu langer maschineller Zerkleinerung kann es zu einer Vermehrung von bitteren Aromen kommen – ähnlich wie bei Zwiebeln.

Getrocknete Austernseitlinge werden vorrangig in Suppen oder in Saucen eingesetzt. Karamellisierte Austernseitlinge können auch in Desserts eingebaut werden.

Austernseitlinge können fermentiert sowie in Salz- oder Essigsud eingelegt werden. Jerkeys (getrocknet und/oder geräuchert) und Konservengerichte sind ebenfalls möglich.

Austernseitlinge können eine beachtliche Größe erreichen. Foto: LR

CHAMPIGNON

Lateinischer Name: *Agaricus bisporus (zweisporiger Zuchtchampignon)*
Andere Namen: Zuchtegerling, Kulturchampignon, Gartenegerling
Schwierigkeitsgrad: einfach
Farbe Sporenpulver: Rotbraun bis dunkelbraun
Substrat: Kompost

Merkmale

Stiel und Hut weiß bis braun, Lamellen rosa, später braun

Vorkommen in der Natur

Champignons wachsen oft auf Kuhweiden, die nicht oder selten mit Gülle gedüngt werden, in Obstgärten, Parks und Feldern im frühen Sommer bis späten Herbst. Sie kommen oft in großen Mengen gemeinsam vor. Hierbei handelt es sich meist um den Wiesenchampignon *(Agaricus campestris).*

Geeignete Methoden

Pilzbeet (Kompost), Substratblock/Fertigkultur

Beste Zeit zum Anlegen der Kultur

Anlage der Pilzbeete im Frühling, damit der Pilz im Herbst wachsen kann.

TIPPS zum Anbau

Champignons wachsen gut auf Kompost-Mischungen aus abgelegenem Rinder-, Pferde- oder Hühnermist gemischt mit Stroh und/oder Sägespänen. Eine Deckschicht aus Torferde ist förderlich für das Pilzwachstum.

Champignons Foto: LR

Wachstumsbedingungen

Durchwachsphase: 22–27 °C, 12–14 Tage
Fruchtungseinleitung: 14–17 °C; 92–99 % Luftfeuchte
Fruchtungsbedingungen: 14–17 °C; 92–99 % Luftfeuchte
Erntewellen: 2–6

Wissenswertes

Da diese Pilze das erste Mal in den Katakomben unter Paris kultiviert wurden, werden sie oft auch als „Champignon du Paris“ bezeichnet. Die ursprüngliche Form des Zuchtchampignons ist die braune Variante. Der weiße Champignon ist aufgrund einer genetischen Mutation entstanden.

Senorik

Der leicht anisartige, mild pilzige Geruch von Champignons ist charakteristisch. Die Pilzköpfe haben ein festes Fruchtfleisch und sind weiß oder braun. Auch braune Champignons mit schuppig-marmorieren Hüten gibt es am Markt. Die Stiele können beim

Champignon mitverwendet werden. Je jünger die Champignons sind desto heller ist die Lamellenfarbe, die mit zunehmenden Alter in dunkles Braun übergeht.

Inhaltsstoffe und gesundheitliche Wirkung

Ein Teil der gesundheitlichen Wirkungen von Champignons gehen auf den Gehalt an Polysacchariden (β-Glucane) zurück: die Beeinflussung des Blutzuckerspiegels, die immunmodulatorische Wirkung und die positiven Auswirkungen auf die Darmflora. Dem Champignon werden auch antibakterielle Eigenschaften nachgesagt.

In Irland, Großbritannien, Deutschland und den Niederlanden gibt es Zuchtpilze, die mit UV-Licht bestrahlen werden dürfen, um so den Vitamin D2-Gehalt zu erhöhen. Diese Pilze unterliegen der Novel-Food-Verordnung der europäischen Union und müssen entsprechend deklariert sein.

Der Champignon enthält alle acht essentiellen Aminosäuren, bei einem für Pilze eher hohen Eiweißgehalt von 2,7 g/100 g Frischpilz. Der Jodgehalt liegt bei 18–20 µg/100 g Frischpilz und stellt damit eine interessante Jodquelle dar. Weitere Inhaltsstoffe sind die Vitamine B2, B3, B5 und B7, sowie Vitamin C, und die fettlöslichen Vitamine D, E und K, sowie Folsäure in nennenswerten Mengen im Vergleich zu anderen Pilzen.

Champignons in Konserven (Glas oder Dose) verlieren den Großteil ihrer wertvollen Inhaltsstoffe.

Verwendung in der Küche

Als Suppe, in Saucen, Eintöpfen, als Zutat in Sättigungsbeilagen, als Hauptspeise oder Salat – die Verwendungsarten für frische Champignons lassen viele kreative Rezepte entstehen. Der Champignon kann auch roh genossen werden, die Mengen sollten jedoch beschränkt bleiben.

Meist sind Champignons in Plastikgebinden und -folien verpackt. Diese sind nach dem Kauf möglichst rasch zu entfernen, damit die Pilze atmen können. Je älter die Pilze werden, desto weniger Geschmack haben sie und desto dunkler werden sie.

Champignons können eingefroren, eingelegt oder getrocknet werden. Auch fermentierte Pilzköpfe sind möglich.

RIESENTRÄUSCHLING

Lateinischer Name:
Stropharia rugosoannulata
Andere Namen: Braunkappe, Kulturträuschling, Strohpilz
Schwierigkeitsgrad: einfach
Farbe Sporenpulver: Dunkelviolett
Substrat: Holz, Stroh

Merkmale

Bis zu 20 cm große Hüte, Hutfarbe weinrot bis dunkelbraun, Lamellen grauviolett

Riesenträuschling Foto: SR

Vorkommen in der Natur

Der Riesenträuschling wächst am Waldboden oder auf verrottenden Pflanzenresten im Frühling oder Herbst.

Geeignete Methoden

Strohballen, Pilzbeet (Stroh, Holzchips, Sägespäne)

Beste Zeit zum Anlegen der Kultur

Anlage der Pilzbeete oder Kulturen auf Strohballen im Frühling, damit der Pilz im Herbst wachsen kann.

Wachstumsbedingungen

Durchwachsphase: 20–24 °C, 30–60 Tage
Fruchtungseinleitung: 18–24 °C;
90–95 % Luftfeuchte
Fruchtungsbedingungen: 16–21 °C;
85 % Luftfeuchte
Erntewellen: 2

TIPPS zum Anbau

Riesenträuschlinge sind im Garten sehr einfach und zuverlässig zu züchten. Da die Erträge sehr unterschiedlich ausfallen, eignen sie sich nicht für die kommerzielle Pilzzucht. Das Myzel breitet sich oft vom Pilzbeet oder Strohballen weg im Boden weiter aus. Für einen erfolgreichen Anbau muss der Strohballen auf dem Erdboden aufliegen. Oft wachsen Pilze in einiger Entfernung zum Ort der ursprünglichen Pilzkultur.

Wissenswertes

Einzelne Exemplare können einen Pilzhut mit einem Durchmesser von bis zu 30 Zentimeter ausbilden. Mittlerweile gibt es Zuchtstämme mit unterschiedlichen Hutfarben. Achtung: Gelegentlich wird auch der Maronenröhrling als Braunkappe bezeichnet – Riesenträuschling und Maronenröhrling sind aber zwei komplett verschiedene Pilzarten!

Sensorik

Der Riesenträuschling hat leicht nussige und rettichartige Aromen. Die Hutkappe soll bei der Ernte noch fast geschlossen, trocken, mattglänzend sein und der Stiel von fester Konsistenz.

Inhaltsstoffe und gesundheitliche Wirkungen

Zu den Riesenträuschlingen gibt es keine speziellen Daten zu Inhaltsstoffen und gesundheitlichen Wirkungen. Es gibt lediglich einige Berichte, die der deutschen Mykologischen Gesellschaft vorliegen, dass der Verzehr von größeren Portionen zu Unwohlsein und massiven Verdauungsproblemen geführt hat.

Verwendung in der Küche

Der Riesenträuschling ist in der Küche mitsamt dem Stiel verwendbar für Suppen, als Beilage, zum Braten oder Dünsten. Bei diesen Pilzen ist eine ausreichende Durchgarung notwendig. Roh genossen verursacht der Träuschling Verdauungsbeschwerden. Die Kombination mit Alkohol soll vermieden und auf größere Mengen ebenso verzichtet werden.

ROSENSEITLING

Lateinischer Name: *Pleurotus djamor*
Andere Namen: Rosafarbener Seitling, Flamingoseitling, Speckpilz
Schwierigkeitsgrad: einfach
Farbe Sporenpulver: Rosafarben
Substrat: Holz, Stroh, Kaffeesatz

Merkmale

Leicht beißender Geruch, Hut und Stiel gelblich bis dunkelrot. Fleisch weiß.

Vorkommen in der Natur

Rosenseitlinge kommen in der Natur in tropischen Gebieten vor. Sie wachsen dort auf Palmen, Bambus oder Gummibäumen.

Geeignete Methoden

Holzstämme, Pilzbeet (Stroh, Holzchips, Sägespäne), Strohballen, Substratblock/Fertigkultur, Kaffeesatz, Strohpellets, Laubholzpellets

Beste Zeit zum Anlegen der Kultur

Kulturen in Innenräumen können das ganze Jahr über angelegt werden. Pilzbeete werden idealerweise im späten Frühling vorbereitet, damit der Pilz im Sommer wachsen kann, aber nicht mehr zu niedrigen Temperaturen ausgesetzt ist. Auf Holzstämmen kann der Pilz in unseren Breitengraden nur in Innenräumen gezüchtet werden, da das Myzel bei Temperaturen unter 10 °C abstirbt.

Wachstumsbedingungen

Durchwachsphase: 20–24 °C, 14–22 Tage
Fruchtungseinleitung: 18–27 °C; 90–95 % Luftfeuchte
Fruchtungsbedingungen: 18–27 °C; über 85 % Luftfeuchte
Erntewellen: 3–5

Rosenseitlinge auf Stroh Foto: MF

Rosenseitling im Querschnitt Foto: MF

Wissenswertes

Rosenseitlinge haben eine Haltbarkeit von 3–5 Tagen.

Sensorik

Der hellrosa bis pinkfarbene Pilz besticht nicht nur durch seine Farbe, sein Geruch unterscheidet sich deutlich von den anderen Seitlingspilzen. Leicht bissig bis scharf erreicht er die Geruchsknospen. Durch seine leicht rauchigen, speckähnlichen Aromen ist er auch als „Speckpilz“ bekannt. Durch den Kochvorgang verliert er seine rosa Färbung und wechselt die Farbe in verschiedene Brauntöne. Der Rosenseitling ist ein Pilz mit zäherer Fleischstruktur als der Austernseitling. Die Strunkteile können getrocknet und pulverisiert verwendet werden.

Beginnt der Pilz nach Fisch zu riechen oder sind die Kappen feucht und labbrig, dann ist der Rosenseitling in den Verderbnisprozess übergegangen.

TIPPS zum Anbau

Rosenseitlinge kommen in der Natur in tropischen Gebieten vor. Sie bevorzugen sehr warme Temperaturen und eine hohe Luftfeuchtigkeit. Das Myzel darf auf keinen Fall Temperaturen unter 10 °C ausgesetzt werden! Aus diesem Grund ist der Pilz bei uns nur zum Anbau über die Sommermonate geeignet. Das Myzel wächst sehr schnell. Beim Anbau auf Holzstämmen sollten diese nach der Durchwachsphase an einem Ende 20–30 Zentimeter eingegraben werden. Der Kontakt mit Bodenorganismen wirkt sich förderlich auf das Pilzwachstum aus.

Inhaltsstoffe und gesundheitliche Wirkung

So wie der Zitronenseitling beinhaltet auch der Rosenseitling Carotinoide, die als sekundäre Pflanzenstoffe auf das Immunsystem Einfluss nehmen. Der Ballaststoffanteil dürfte dem des Austernseitlings entsprechen. Der Rosenseitling ist in der Speise- und Nahrungsergänzungsmittelindustrie eher unbedeutend. Somit gibt es auch keine genauen wissenschaftlichen Daten zu Inhaltsstoffen und Wirkungen.

Verwendung in der Küche

Durch seine spannende Farbgebung und die Geschmacksaromen ist der Pilz als Speck- oder Schinkenersatz vor allem bei Vegetariern und Veganern eine beliebte Alternative.

In kleine Rauten geschnittene Kappen erinnern frittiert an Grammeln (Grieben; ausgelassene Speckwürfel), streifig schnitten und angebraten kann der Rosenseitling durchaus mit gebratenem Toast- oder Beinschinken verwechselt werden.

SAMTFUSSRÜBLING

Lateinischer Name: *Flammulina velutipes*
Andere Namen: Enoki, Winterrübling, Winterling
Schwierigkeitsgrad: einfach
Farbe Sporenpulver: Weiß
Substrat: Holz

Merkmale

Farbe des Pilzhutes honiggelb bis hellbraun, Oberfläche schleimig/klebrig, 3–4 cm im Durchmesser, Stiel 2–10 cm lang, gummiartig, Lamel-

Naturform des Samtfußrüblings in einer Hand
Foto: SR

Zuchtform des Samtfußüblings Foto: MF

len weiß bis hellgelb, wächst oft in Büscheln von 30 Pilzen und mehr. **Der Samtfußrübling kann mit dem tödlich giftigen Gifthäubling verwechselt werden!**

Vorkommen in der Natur

Wächst in gemäßigten Klimazonen im Winter. Oft nach dem ersten Frost und darauffolgenden Plusgraden auf Baumstümpfen von Laubholzbäumen zu finden.

Geeignete Methoden

Holzstämme, Substratblock/Fertigkultur, Laubholzpellets

Beste Zeit zum Anlegen der Kultur

Kulturen in Innenräumen können das ganze Jahr über angelegt werden. Auf Holzstämmen im Frühling oder Herbst.

Wachstumsbedingungen

Durchwachsphase: 20–24 °C, 25–30 Tage
Fruchtungseinleitung: 4–10 °C; 90–95 % Luftfeuchte
Fruchtungsbedingungen: 10–16 °C; 90–95 % Luftfeuchte
Erntewellen: 2

Wissenswertes

Der Samtfußrübling ist in Europa nur wenig bekannt, aber weltweit gesehen unter dem japanischen Namen „Enoki“, einer der häufigsten Zuchtpilze.

TIPPS zum Anbau

Samtfußrüblinge eignen sich sehr gut zur Zucht auf Baumstämmen. Die Pilze benötigen relativ kühle Temperaturen, um Fruchtkörper zu bilden. Bei Frost stellen die Pilze ihr Wachstum ein, bei Plusgraden setzen sie es wieder fort.

Sensorik

Die Zuchtformen des Samtfußrüblings sind meist weiß, mit kleiner, oft nur stecknadelkopfgroßer Kappe. Sie verändern sich ins gelbliche, wenn die Lichtzufuhr erhöht wird. In den asiatischen Ländern wird eine rein weiße Variante mit langen Stielen und den sehr kleinen Kappen bevorzugt. Der Stiel ist meist hohl. Der Pilz ist knackig und bissfest und behält seine Farbe während der Zubereitung. Der Geschmack ist leicht säuerlich bis leicht fruchtig, teilweise sogar an Rettich erinnernd.

Bei der Zuchtform kann der Stiel mitverzehrt werden, bei der Wildform bzw. bei der auf Holzstämmen gezogenen Arten wird nur die Kappe des Pilzes zum Verzehr verwendet.

Inhaltsstoffe und gesundheitliche Wirkungen

Der Pilz enthält die nicht hitzestabile, leicht giftige Eiweißverbindung „Flammutoxin“. Durch den Kochvorgang wird diese Eiweißverbindung zerstört. Ein Verzehr kleiner Mengen des rohen Pilzes ist angeblich unbedenklich.

Spezielle Inhaltsstoffe aus dem Samtfußrübling können positiv auf ein Enzymsystem des Körpers (Angiotensin-Converting-Enzyme) wirken, welches bei der Steigerung des Blutdrucks in den Blutgefäßen eine bedeutsame Rolle einnimmt. Medikamente mit Wirkung auf dieses Enzymsystem sind unter dem Sammelnamen ACE-Hemmer bekannt.

Flammin und Velutin – zwei Eiweißmoleküle im Samtfußrübling – konnten in Untersuchungen die Vermehrung von Viren hemmen.

Verwendung in der Küche

Der Samtfußrübling wird gerne als Einlage in Suppen (Ramen) gereicht, aber auch in Speck gewickelt und am Grill zubereitet ist er eine Delikatesse (siehe Rezept „Enoki-Saltimbocca"). Für die Zubereitung werden bei der Zuchtform nur die Stielenden etwas gekürzt. Bei der Wildform werden nur die Hüte verwendet. Diese können kurz gebraten in Öl oder brauner Butter ihre Aromen gut entfalten.

SCHMETTERLINGSTRAMETE

Lateinischer Name: *Trametes versicolor*
Andere Namen: Bunter Porling, Bunte Tramete
Schwierigkeitsgrad: einfach
Farbe Sporenpulver: Weiß
Substrat: Holz

Schmetterlingstramete Foto: MF

Geeignete Methoden

Holzstämme, Substratblock/Fertigkultur, Laubholzpellets

Beste Zeit zum Anlegen der Kultur

Kulturen in Innenräumen können das ganze Jahr über angelegt werden. Auf Holzstämmen im Frühling oder Herbst.

Wachstumsbedingungen

Durchwachsphase: 20–24 °C, 25–30 Tage
Fruchtungseinleitung: 6–15 °C; 90–95 % Luftfeuchte
Fruchtungsbedingungen: 5–20 °C; 85 % Luftfeuchte
Erntewellen: 2–3

Wissenswertes

Schmetterlingstrameten eignen sich gut, um kontaminierte Böden zu reinigen. Die Schmetterlingstramete sendet Enzyme aus, die auch komplizierte chemische Verbindungen auftrennen und so unschädlich machen können.

TIPPS zum Anbau

Die Pilze sind oft relativ stark mit dem Substrat verbunden. Mit einem gezackten Messer kann der Pilz gut abgeschnitten werden. Es kann mehrere Wochen dauern, bis die Fruchtkörper ausgewachsen sind bzw. das Wachstum einstellen.

Sensorik

Schmetterlingstrameten sind optisch sehr schön und mit den verschiedensten Farbschattierungen anzutreffen. Sie sind sehr zäh und geschmacklich unscheinbar bis geschmacklos. Getrocknet und zerkleinert ergeben sie mit heißem Wasser aufgegossen einen leicht kräuterartig schmeckenden Auszug.

Inhaltsstoffe und gesundheitliche Wirkungen

Obwohl die Schmetterlingstrameten seit Jahren schon intensiv untersucht werden, ist das Zusammenwirken der Inhaltsstoffe noch nicht komplett geklärt. Wie bei vielen anderen Pilzen scheint der größte Teil der Wirkung der Trameten von den Polysacchariden (langkettige Zuckermolekülverbindungen) auszugehen. Neben diesen konnten auch hormonähnliche Substanzen (Sterole) nachgewiesen werden, die auf vielfältige Weise pharmakologisch wirken können.

In der Traditionellen Chinesischen Medizin (TCM) wird der Heißwasserauszug vor allem zur Entgiftung, zur Stärkung des Immunsystems, zur Unterstützung der Lebertätigkeit und bei einer Vielzahl von Krebserkrankungen eingesetzt. Eine Wirkkomponente aus dem Myzel – eine vielfach verzweigte, spezielle Polysaccharid-Verbindung wurde in den 1970er Jahren in Japan als Medikament Krestin® auf den Markt gebracht. Nach wie vor werden klinische Studien mit den Wirkstoffen der Schmetterlingstramete durchgeführt.

Verwendung in der Küche

Trameten werden in der Küche nur als Teezutaten verwendet. Bei den Sioux und anderen nordamerikanischen Stämmen wurden möglicherweise Pilzstücke zu Zwecken der längeren Haltbarkeit von Speisen mitgekocht.

SHIITAKE

Lateinischer Name: *Lentinula edodes*
Andere Namen: Pasaniapilz, Eichenpilz, Chinesischer Champignon, Shii-Take
Schwierigkeitsgrad: einfach
Farbe Sporenpulver: Weiß
Substrat: Holz

Shiitake gehören zu den beliebtesten Edelpilzen.
Foto: LR

Merkmale

Shiitakepilze haben hell- bis dunkelbraune Hüte mit weißen Flocken oder Rissen. Der Hut kann einen Durchmesser bis zu 10 cm erreichen. Die Lamellen sind weiß bis cremefarbig.

Vorkommen in der Natur

Shiitake-Pilze kommen in Japan, Korea und China in natürlichen Habitaten vor und wachsen dort im Frühling oder Herbst in nördlicheren Regionen.

Geeignete Methoden

Holzstämme, Substratblock/Fertigkultur, Laubholzpellets

Beste Zeit zum Anlegen der Kultur

Kulturen in Innenräumen können das ganze Jahr über angelegt werden. Auf Holzstämmen im Frühling oder Herbst.

Wachstumsbedingungen

Durchwachsphase: 20–24 °C, 60–100 Tage
Fruchtungseinleitung: 10–16 °C; 90–95 % Luftfeuchte
Fruchtungsbedingungen: 10–25 °C; über 85 % Luftfeuchte
Erntewellen: 2–4 je nach Substrat

TIPPS zum Anbau

Shiitake-Pilze können mit allen vorgestellten Methoden auf Holzstämmen gezüchtet werden. Die Holzstämme benötigen beim Fruchten keinen Erdkontakt.

Beim Anbau auf Substratblöcken benötigt das Shiitakemyzel, nachdem es das Substrat besiedelt hat, eine Reifephase, die bis zu zehn Wochen dauern kann. Shiitakeblöcke sollten erst zum Fruchten aufgestellt werden, sobald sich der Block an der Außenseite dunkelbraun verfärbt hat.

Wissenswertes

Shiitake-Pilze sind die Pilze, die weltweit gesehen am meisten kultiviert werden. Sie sind mit Abstand die beliebteste Pilzart in asiatischen Ländern. In China und Japan gelten getrocknete Shiitakepilze als geschätztes Geschenk nach längeren Reisen. Das japanische Wort Shiitake setzt sich aus den Wörtern ‚shii' für Baum und ‚take' für Pilz zusammen.

Sensorik

Das Fleisch ist weißlich und der Pilz hat einen intensiven und würzigen Geschmack, der leicht an Knoblauch oder Zwiebel erinnert. Der Geruch ist stark pilzig, erdig. Frische Pilze sind fest, haben weiße Lamellen unter dem nach unten gebogenem Hut. Der weiße bis cremefarbene Stiel ist zäher als der Pilzhut. Bei älteren Pilzen verfärben sich die Lamellen ins bräunliche und der Stiel verholzt.

Inhaltsstoffe und gesundheitliche Wirkung

Der Shiitakepilz wird seit über tausend Jahren gezüchtet und zählt zu den ältesten beschriebenen Heilpilzen. Er enthält größere Mengen an Zink im Vergleich zu anderen Pilzen. Getrocknete Shiitake enthalten zudem Thioprolin, das im menschlichen Körper als Nitritfänger agiert. Lentinan, ein Wirkstoff im Shiitake, ist in Japan und China als Medikament zugelassen. Seine β-Glucane spielen eine Rolle in der Regulation des Immunsystems, bei der Besiedelung der Darmflora und den Oxidationsvorgängen im Körper. Zudem wird der Shiitake als Begleittherapie bei Nebenwirkungen von Chemotherapeutika eingesetzt. In Japan und China wird der Pilz als medizinische Speise eingesetzt.

In Europa ist der Pilz als Lebensmittel bzw. auch als Nahrungsergänzungsmittel zugelassen. Anbieter von Nahrungsergänzungsmitteln preisen den Pilz mit seinen Wirkungen an. Es gibt einige wissenschaftliche Studien zu den Wirkungen, die gut belegt sind. Als schmackhafter und einfach zu verarbeitender Pilz darf er genussvoll öfter auf dem Speiseplan Platz finden, und seine Wirkungen nach dem Verzehr entfalten.

Sehr vereinzelt wird nach dem Verzehr von Shiitakepilzen das Auftreten von streifenförmigen, striemenartigen, juckenden Hautregionen berichtet. Dies dürfte eine allergische Reaktion des Körpers auf das Lentinan sein.

Verwendung in der Küche

Aufgrund seiner Würze und Bissfestigkeit wird der Shiitake sehr gerne bei herzhaften, umamireichen Speisen eingesetzt. Ob gebraten, gegrillt, in Wok, in Aufläufen, Nudelgerichten, fermentiert oder eingelegt in Essig, er entfaltet überall sein Aroma.

Die Hüte und Stiele weisen eine unterschiedliche Konsistenz auf, können aber, wenn der Pilz klein gehackt wird, miteinander verwendet werden. Dies ist aber nur bei wirklich frischen Pilzen sinnvoll. Bei älteren Pilzen verholzen die Stiele und sie sind als Auszug in Suppen, oder getrocknet und vermahlen als Würzmittel zu verwenden.

SOMMER-AUSTERNSEITLING

Lateinischer Name:
Pleurotus pulmonarius
Andere Namen: Sommer-Austernpilz, Lungenseitling, Phönix-Austernpilz, Löffelförmiger Seitling, Kastanienseitling
Schwierigkeitsgrad: einfach
Farbe Sporenpulver:
Weiß bis cremefarben
Substrat: Holz, Stroh, Kaffeesatz

Merkmale

Rand gewellt, etwas dünnfleischiger als Austernseitlinge, Lamellen weißlich bis cremefarben

Vorkommen in der Natur

Sommer-Austernseitlinge kommen weltweit vor, auch in Österreich und Deutschland. Sie wachsen in den Sommermonaten büschelig auf alten Laubbäumen.

Geeignete Methoden

Holzstämme, Pilzbeet (Stroh, Holzchips, Sägespäne), Strohballen, Substratblock/Fertigkultur, Kaffeesatz, Strohpellets, Laubholzpellets

Beste Zeit zum Anlegen der Kultur

Kulturen in Innenräumen können das ganze Jahr über angelegt werden. In Pilzbeeten idealerweise im Frühling, damit der Pilz im Sommer wachsen kann. Auf Holzstämmen im Frühling oder Herbst.

Wachstumsbedingungen

Durchwachsphase: 20–24 °C, 14–22 Tage
Fruchtungseinleitung: 15–20 °C;
90–95 % Luftfeuchte
Fruchtungsbedingungen: 11–28 °C;
über 85 % Luftfeuchte
Erntewellen: 2–3

Sommerausternseitlinge auf Stroh Foto: SR

TIPPS zum Anbau

Wie der Name vermuten lässt, fühlt sich der Sommer-Austernseitling bei hohen Temperaturen am wohlsten. Sommer-Austernseitlinge brauchen keinen Kälteschock, um mit der Fruchtkörperbildung zu beginnen. Für die Fruchtungseinleitung hilft es zusätzlich, wenn das durchwachsene Substrat mit einem Gegenstand angeritzt wird. Beim Anbau auf Holzstämmen sollten diese nach der Durchwachsphase an einem Ende 20–30 Zentimeter eingegraben werden. Der Kontakt mit Bodenorganismen wirkt sich förderlich auf das Pilzwachstum aus.

Wissenswertes

Viele Züchter von Austernseitlingen wechseln über die Sommermonate auf den Lungenseitling. Dieser liefert bei hohen Temperaturen in den Fruchtungsräumen bessere Erträge. Im Freien ist ein schattiger Platz vorteilhaft.

Sensorik

Der Sommer-Austernseitling ist feiner in der Textur als der herkömmliche Austernseitling. Manche berichten, dass er weniger fest in der Konsistenz ist. Dies ist aufgrund des schnelleren Fruchtkörperwachstums auch erklärbar. Der Geschmack selbst ist weniger pilzig und bringt auch weniger Umami mit. Bei ganz frischen Pilzen lässt sich eine Anisnote erriechen.

Inhaltsstoffe und gesundheitliche Wirkungen

Über den Sommer-Austernseitling gibt es keine gesonderte Beschreibung/Untersuchung der Inhaltsstoffe. Es ist davon auszugehen, dass diese ähnlich dem Austernseitling sind.

Verwendung in der Küche

Der Sommer-Austernseitling hat einen kürzeren, feineren Strunk, der für die Speisen nicht störend ist. Wie der Austernseitling kann er in der Küche sehr vielseitig eingesetzt werden, bringt aber etwas weniger Aroma mit.

ZITRONENSEITLING

Lateinischer Name:
Pleurotus citrinopileatus
Andere Namen:
Zitronengelber Seitling,
Limonen-Seitling
Schwierigkeitsgrad: einfach
Farbe Sporenpulver: Hellviolett
Substrat: Holz, Stroh, Kaffeesatz

Zitronenseitlinge auf Stroh Foto: SR

Merkmale

Der Zitronenseitling ist an seiner leuchtend gelben Farbe zu erkennen. Hutunterseite und Stiel sind weiß bis dunkelgelb.

Vorkommen in der Natur

In subtropischen und tropischen Gebieten in Afrika und Asien.

TIPPS zum Anbau

Zitronenseitlinge kommen in der Natur in tropischen und subtropischen Gebieten vor. Bei diesen Bedingungen fühlen sie sich auch in der Zucht am wohlsten. Das Myzel hält zwar leichten Frost aus, starker Frost sollte aber vermieden werden. Beim Anbau auf Holzstämmen sollten diese nach der Durchwachsphase an einem Ende 20–30 Zentimeter eingegraben werden. Der Kontakt mit Bodenorganismen wirkt sich förderlich auf das Pilzwachstum aus.

Geeignete Methoden

Holzstämme, Pilzbeet (Stroh, Holzchips, Sägespäne), Strohballen, Substratblock/Fertigkultur, Kaffeesatz, Strohpellets, Laubholzpellets

Beste Zeit zum Anlegen der Kultur

Kulturen in Innenräumen können das ganze Jahr über angelegt werden. In Pilzbeeten idealerweise im Frühling, damit der Pilz im Sommer wachsen kann. Auf Holzstämmen im Frühling oder Herbst.

Wachstumsbedingungen

Durchwachsphase: 20–24 °C, 14–22 Tage
Fruchtungseinleitung: 16–25 °C;
90–95 % Luftfeuchte
Fruchtungsbedingungen: 16–25 °C;
85 % Luftfeuchte
Erntewellen: 2–4

Wissenswertes

Der Zitronenseitling besticht durch seine intensiv leuchtende Farbe. Er ist aber nur sehr kurz haltbar und leicht brüchig, sodass er nach der Ernte rasch verarbeitet werden sollte.

Sensorik

Der leicht säuerliche, eher fruchtige Geschmack erinnert wenig an Pilz. Im Hintergrund sind feine, erdige, moosige Duftaromen vorhanden. Sein Fruchtkörper ist sehr feingliedrig.

Inhaltsstoffe und gesundheitliche Wirkungen

Die Gelbtöne sind Farbpigmente, die zu den Carotinoiden zählen. Diese Carotinoide sind sekundäre Pflanzeninhaltsstoffe und können im Körper in aktives Vitamin A umgewandelt werden. Carotinoide kommen in vielen Lebensmitteln vor und spielen eine wichtige Rolle in der Aufrechterhaltung des Immunsystems.

Verwendung in der Küche

Der Zitronenseitling harmoniert bestens mit Fisch und Meeresfrüchten. Aufgrund der Feingliedrigkeit und der filigranen Kappen benötigt der Zitronenseitling nur einen kurzen Garprozess. Etwas Zitronensaft oder -zesten sowie Zitronensalz verstärken die Aromatik des Pilzes. Die Strünke des Zitronenseitlings können bei Fischsuppen oder klein geschnitten in Fischgerichten Verwendung finden.

IGELSTACHELBART

Lateinischer Name: *Hericium erinaceus*
Andere Namen: Pom-Pom-Blanc, Löwenmähne, Affenkopfpilz
Schwierigkeitsgrad: Mittel
Farbe Sporenpulver: Weiß
Substrat: Holz

Merkmale

Weißes, faseriges Fleisch, kurzer Stiel, mit langen, herabhängenden Stacheln überzogen

Vorkommen in der Natur

Kommt sehr selten im Sommer und Herbst auch in Mitteleuropa auf alten Laubbäumen vor und gehört zu den geschützten Arten.

Geeignete Methoden

Holzstämme, Substratblock/Fertigkultur, Laubholzpellets

Igelstachelbart auf Holz Foto: MF

Igelstachelbart aufgeschnitten Foto: MF

Beste Zeit zum Anlegen der Kultur

Kulturen in Innenräumen können das ganze Jahr über angelegt werden. Auf Holzstämmen im Frühling oder Herbst.

Wachstumsbedingungen

Durchwachsphase: 20–24 °C, 20–30 Tage
Fruchtungseinleitung: 10–16 °C;
über 90 % Luftfeuchte
Fruchtungsbedingungen: 18–25 °C;
über 90 % Luftfeuchte
Erntewellen: bis zu 4

TIPPS zum Anbau

Der Igelstachelbart eignet sich besonders gut zum Anbau mit der Säulen-Methode. Oft ist es schwierig, den korrekten Erntezeitpunkt festzustellen. Sobald sich die Haare zu „kräuseln" beginnen, sollte der Pilz geerntet werden.

Wissenswertes

Der Igelstachelbart wurde bereits im 16. Jahrhundert im „Buch der heilenden Kräuter" (Ben Cao Gang Mu) des chinesischen Arztes Li Shi Zhen erwähnt. Der Name Igelstachelbart nimmt Bezug auf den Igel mit seinen Stacheln. Der erntereife Pilz ist sehr druckempfindlich. Wird er bei der Ernte zu fest angefasst, erscheinen einige Stunden später braune Verfärbungen an den Druckstellen.

Sensorik

Der weiße, an Karfiol (Blumenkohl) erinnernde Pilz ist von festfleischiger Struktur, mit „Stacheln" von bis zu fünf Zentimetern Länge. Er hat ein sehr dezentes Pilzaroma, ist in der Textur ähnlich wie Hühnerfleisch. In Scheiben geschnitten, gebraten oder gebacken lassen sich ähnlich wie bei einer Hühnerbrust Fasern abziehen. Der Geruch ist leicht zitronig und holzig.

Inhaltsstoffe und gesundheitliche Wirkungen

Im Igelstachelbart finden sich neben nennenswerten Mengen an Kalium und Phosphor, auch wertvolle Spurenelemente wie Zink, Selen und Germanium. Dem Pilz fehlen zwei essentielle Aminosäuren, somit ist es notwendig für eine hohe biologische Wertigkeit, Speisen mit dem Igelstachelbart mit anderen Eiweißträgern (tierische Produkte, Hülsenfrüchte, Getreide) zu kombinieren.

Besonders interessant sind die Inhaltsstoffe Erinacine und Herincenone, die 2006 bzw. 2008 entdeckt wurden. Möglicherweise haben sie Einfluss auf das Krankheitsgeschehen bei Demenz und neurodegenerativen Erkrankungen (Parkinson, Multiple Sklerose, Neuropathien). Mittlerweile wurden einige Studien dazu publiziert, die zwar mit kleinen Fallzahlen aber doppel-blind und randomisiert durchgeführt wurden, die einen positiven Einfluss bestätigen. Weitere Studien sind in Durchführung.

Aber auch Phytosterole sind im Igelstachelbart enthalten. Diese beeinflussen den Cholesterinstoffwechsel positiv. Die Stimulation des Immunsystems wird durch den Gehalt an verschiedenen Glucanen erreicht. Eingesetzt wird der Igelstachelbart in der Traditionellen Chinesischen Medizin (TCM) bei allen Arten von entzündlichen Prozessen im Verdauungstrakt durch Förderung der Regeneration der Schleimhäute und der Regulation der Säureproduktion.

Die vielfältigen komplexen Kohlenhydrate beeinflussen den Blutzuckerspiegel positiv.

Die Inhaltsstoffe des Igelstachelbarts und die Zusammenhänge mit der Einflussnahme bei Krankheitsbildern sind aktuell in vielen Studien Thema.

Verwendung in der Küche

Wie schon erwähnt, kann der Igelstachelbart in etwa einen Zentimeter dicke Scheiben geschnitten werden und gebraten oder gebacken werden. Die gebackene Variante erinnert sehr an gebackene Hühnerbruststücke. Würfelig geschnitten kann er in Pfannengerichten (Gröstl) oder Saucen sein Potential entfalten.

Auch die Zubereitung im Ganzen ist möglich, erfordert aber etwas mehr Küchenkenntnisse. Hierfür wird der Igelstachelbart als Ganzes in eine Pfanne mit Öl gegeben, und unter Druck (Topf) mehrere Minuten auf beiden Seiten angebraten. Danach wird er mit einer Marinade (Kräuter mit Öl, Barbecue-Sauce,...) beidseitig gut eingestrichen und nochmals beidseitig mehrere Minuten gebraten. Der ursprünglich voluminöse Pilz sollte nun auf eine Dicke von zwei bis drei Zentimeter kommen. Dieser wird wie ein großes Steak in Tranchen aufgeschnitten.

In China wird der frische Pilz in eine Salzlake eingelegt, um eine längere Haltbarkeit zu erreichen.

JUDASOHR

Lateinischer Name:
Auricularia auricularia judae
Andere Namen:
Hollerschwamm, Holunderpilz, Chinesische Morchel, Baumohr
Schwierigkeitsgrad: Mittel
Farbe Sporenpulver:
Weiß bis cremegelb
Substrat: Holz, Stroh, Kaffeesatz

Judasohren auf Holunder Foto: LR

Merkmale

Das Fleisch ist zäh, leicht durchsichtig und „gummibärchenartig", kein oder nur kurzer Stiel, Hut 1–10 cm groß mit leicht filziger Oberfläche.

Vorkommen in der Natur

Kommt auch in Mitteleuropa sehr häufig vor und wächst vor allem auf alten, geschwächten Holunderstauden am Waldrand. Man findet ihn oft an etwas wärmeren Tagen zwischen November und März. Bei Frost stoppen die Pilze das Wachstum und setzen es bei Plusgraden wieder fort.

Geeignete Methoden

Holzstämme, Substratblock/Fertigkultur, Laubholzpellets

Beste Zeit zum Anlegen der Kultur

Kulturen in Innenräumen können das ganze Jahr über angelegt werden. Auf Holzstämmen im Frühling oder Herbst.

Wachstumsbedingungen

Durchwachsphase: 20–24 °C, 25–30 Tage
Fruchtungseinleitung: 12–20 °C; 90–95 % Luftfeuchte
Fruchtungsbedingungen: 16–30 °C; 85–90 % Luftfeuchte
Erntewellen: 3–4

TIPPS zum Anbau

Bei der Zucht auf Holzstämmen sind die Pilze einer Erntewelle nicht gleichzeitig ausgewachsen. Über einen Zeitraum von bis zu fünf Monaten wachsen immer wieder Pilze.

Wissenswertes

Judasohren wurden in China und Japan bereits um 600 n. Chr. auf Baumstämmen gezüchtet, und gelten als die ersten Pilze, die planmäßig angebaut wurden.

Sensorik

Von gallertig, zäh, elastisch bis knorpelig kann die Konsistenz eines Pilzes alle Eigenschaften enthalten. Seine dunkelrote bis braune Färbung lässt etwas Licht hindurchscheinen. Das Judasohr hat im Gegensatz zu anderen Pilzen nahezu keinen Eigengeschmack.

Inhaltsstoffe und gesundheitliche Wirkungen

Der sehr niedrige Fettgehalt setzt sich hauptsächlich aus ungesättigten Fettsäuren zusammen. Wie alle bereits erwähnten Pilze enthält auch das Judasohr komplexe Kohlenhydrate, darunter auch β-D-Glucane. Da der Pilz in Europa meist in getrockneter Form Verwendung findet, und im Vergleich zu den asiatischen Völkern in nur sehr geringen Mengen verzehrt wird, sind auch seine Gehalte an Eisen, Calcium, Kalium und Silicum nicht ernährungsrelevant.

Die Anwendungen und Wirkungen von *Auricula auriculare judae* in der Volksmedizin sind vielfältig (durchblutungsfördernd, vitalisierend, immunsystemmodulierend, cholesterinsenkend, entzündungshemmend), die medizinischen Nachweise fehlen jedoch meist oder haben nur sehr wenig Aussagekraft.

Verwendung in der Küche

In der Küche kommen vorrangig getrocknete Judasohren (Mu Err-Pilze) zum Einsatz. Diese können sowohl in Wasser als auch direkt in verdünnten Würzsaucen auf Basis von Soja, Lupinien, Presskuchenmehlen oder Pilzen aufgeweicht werden. Nachdem Judasohren kaum Geschmack mit sich bringen, können sie verschiedene Aromen aufnehmen und durch ihre Textur verstärken. Diese Eigenschaft wird vor allem in den chinesischen Gerichten genutzt. Sie passen als Füllzutaten in Wok-Gerichte, Teigtaschen, Suppen oder als Beigabe zu Salaten und Bowls (Schüsselgerichte).

KRÄUTERSEITLING

Lateinischer Name: *Pleurotus eryngii*
Andere Namen: Königsausternpilz
Schwierigkeitsgrad: Mittel
Farbe Sporenpulver: Weiß
Substrat: Holz, Stroh

Merkmale

Stiel dick und weiß, Hutfarbe beige bis dunkelbraun

Kräuterseitlinge sind anspruchsvoller im Anbau als andere Seitlingsarten. Foto: MF

Vorkommen in der Natur

Der Pilz wächst in der Natur auf der Wurzel des Feld-Mannstreu *(Eryngium campestre)*, einer bis zu einem Meter hohen krautigen Pflanze. Daher kommt auch der Name Kräuterseitling. Er ist in Mitteleuropa sehr selten und steht in Deutschland und der Schweiz auf der Liste der gefährdeten Arten. Das Aussehen der Wildform unterscheidet sich deutlich von der Zuchtform.

Geeignete Methoden

Strohballen, Substratblock/Fertigkultur, Strohpellets, Laubholzpellets

Beste Zeit zum Anlegen der Kultur

Kulturen in Innenräumen können das ganze Jahr über angelegt werden. Auf Strohballen idealerweise im Frühling, damit der Pilz im Herbst wachsen kann.

Wachstumsbedingungen

Durchwachsphase: 20–24 °C, 10–15 Tage
Fruchtungseinleitung: 10–15 °C;
95–97 % Luftfeuchte
Fruchtungsbedingungen: 15–21 °C;
85–90 % Luftfeuchte
Erntewellen: 2

TIPPS zum Anbau

Kräuterseitlinge wachsen auch auf Strohsubstrat, jedoch weniger zuverlässig und mit geringeren Erträgen als auf Holzsubstraten. Da beim Kräuterseitling vor allem auf einen dickfleischigen Stiel wertgelegt wird, benötigt er beim Wachstum nur wenig Frischluft. Bei zu geringer Frischluftzufuhr verkümmern jedoch die Hüte. In der Fruchtungseinleitung muss auf eine ausreichend hohe Luftfeuchte geachtet werden.

Wissenswertes

Kräuterseitlinge wurden um das Jahr 1990 das erste Mal von koreanischen Wissenschaftlern gezüchtet, seitdem nimmt ihre Popularität stetig zu. Für den Handel sind gleichmäßige Fruchtkörper zwischen sieben und zwölf Zentimter Größe erwünscht. Es gibt aber auch Exemplare mit bis zu zehn Zentimeter Stieldurchmesser und Längen bis 35 Zentimeter.

Sensorik

Die Konsistenz von frisch verarbeiteten Kräuterseitlingen erinnert an Steinpilze. Er duftet leicht nach Pilz, Wald und Erde und sieht in der Zuchtform dem Steinpilz ähnlich. Frische Kräuterseitlinge sind durch die Druckprobe erkennbar. Leistet der Stiel dem Druck zwischen zwei Fingern einen deutlichen Widerstand, ist er frisch. Lässt er sich wie Schaumgummi zusammendrücken, handelt es sich um einen mehrere Tage alten Pilzkörper.

Weiße Flaumschichten (Myzel) treten beim Kräuterseitling nicht wie beim Austernseitling auf der Hutoberseite auf, sondern am Stielende. Hier gilt ebenso wie beim Austernseitling, ist das Myzel trocken und weich, kann der Pilz noch verwendet werden. Ist es feucht und schleimig, ist der Pilz zu entsorgen.

Inhaltsstoffe und gesundheitliche Wirkung

Wie auch alle anderen Pilze ist der Kräuterseitling kalorienarm, fettarm und reich an Ballaststoffen. Da der Pilz in China und Japan nicht heimisch ist, gibt es im Vergleich zum Shiitake oder anderen asiatischen Pilzen kein altes Wissen zu Heilbehandlungen.

Das Protein Eryngin konnte 2004 aus dem Pilz isoliert werden. Es wurde nachgewiesen, dass dieses das Wachstum pflanzenpathogener Pilzarten hemmen kann.

Verwendung in der Küche

Große Fruchtkörper können in Scheiben geschnitten, gebraten, gegrillt oder gebacken werden. Kleine Fruchtkörper eigen sich hervorragend zum Einlegen in Essig oder Öl. Alle Pilzgerichte, in denen der Steinpilz Verwendung findet, können auch mit dem Kräuterseitling zubereitet werden.

Werden Fruchtkörperscheiben für das Grillen oder Raclette vorbereitet, können sie vorab für einige Minuten gedämpft und dann in Marinaden eingelegt werden. So wird sichergestellt, dass der Pilz trotz des kurzen Erhitzungsprozesses auch gar, und somit leichter verträglich ist. Grillen Sie sie auf mittlerer Hitze, bis sie zart und leicht gebräunt sind.

SCHOPFTINTLING

Lateinischer Name: *Coprinus comatus*
Andere Namen: Spargelpilz, Tintenpilz, Schopfpilz
Schwierigkeitsgrad: Mittel
Farbe Sporenpulver: Schwarz
Substrat: Kompost

Merkmale

Hut eiähnlich langgezogen, geschuppt, Stiel bis zu 20 cm lang, Lamellen weiß, bei älteren Pilzen schwarz zerfließend

Vorkommen in der Natur

Schopftintlinge findet man oft an Waldrändern sowie in Gärten und Parks. Der Pilz ist vom späten Frühling bis in den Herbst zu finden.

TIPPS zum Anbau

Schopftintlinge wachsen gut auf Kompost-Mischungen aus abgelegenem Rinder-, Pferde- oder Hühnermist gemischt mit Stroh und/oder Sägespänen. Eine Deckschicht aus Torferde ist förderlich für das Pilzwachstum. Die Pilze sollten innerhalb von ein paar Stunden nach dem Ernten verkocht werden. Sie zerfallen innerhalb von wenigen Tagen komplett zu Tinte.

Frischer Schopftintling Foto: LR

Schopftintling zertintet Foto: LR

Gezeichnet mit der Tinte des Schopftintlings
Foto: LR

Geeignete Methoden

Pilzbeet (Kompost)

Beste Zeit zum Anlegen der Kultur

Anlage der Pilzbeete im Frühling, damit der Pilz im Herbst wachsen kann.

Wachstumsbedingungen

Durchwachsphase: 20–24 °C, 12–14 Tage
Fruchtungseinleitung: 16–24 °C;
80–90 % Luftfeuchte
Fruchtungsbedingungen: 10–24 °C;
80–90 % Luftfeuchte
Erntewellen: 2–3

Wissenswertes

Aus Schopftintlingen kann auch Tinte hergestellt werden. Dazu werden mehrere Fruchtkörper in ein leeres Marmeladeglas gegeben. Das Glas wird mit dem Deckel verschlossen und für drei Wochen bei Raumtemperatur stehengelassen. In dieser Zeit zerfallen die Fruchtkörper zu Tinte, die in weiterer Folge zum Schreiben mit einer Feder verwendet werden kann.

Sensorik

Junge Schopftinglinge haben einen festen Stiel, die Kappe ist glatt bzw. leicht schuppig und weiß. Das Aroma ist dezent, leicht würzig und lässt eine feine Bitternote erahnen. Nach der Ernte ist der Pilz leicht brüchig.

Inhaltsstoffe und gesundheitliche Wirkung

Der Schopftintling ist neben dem Austernseitling einer der wenigen Pilze, die Vitamin C enthalten. Auch die Mengen an Vitamin B1, B2, und B3 in 100 g frischem Pilz decken den Tagesbedarf einer erwachsenen Person. Die vorhandenen Ballaststoffe wirken wie bei nahezu allen Pilzen positiv auf den Blutzuckerspiegel und die Darmflora. Neben allen essentiellen Aminosäuren enthält der Schopftintling auch Coprin in kleinsten Mengen, das keine Vergiftungen hervorruft. Coprin hemmt jedoch den Abbau von Alkohol im Körper und kann zu Schweißausbrüchen, Kreislaufstörungen oder Flush-Symptomen (Hautrötung) führen. Erwähnenswert sind auch die enthaltenen Lektine, die Einfluss auf die Zellteilung und das Immunsystem nehmen.

Verwendung in der Küche

Der Schopftintling kann in der Küche vielseitig zum Einsatz kommen. Allerdings besteht die Herausforderung darin, den Pilz möglichst wenige Stunden nach der Ernte zuzubereiten oder durch Hitzeeinwirkung das Zerfließen zu stoppen.

Kleine Schopftintlinge können im Ganzen gebraten werden größere werden der Länge nach geteilt. Auch paniert oder den Hut gefüllt mit Schinken und Käse auf Cordon bleu-Art zubereitet ist der Schopftintling sehr schmackhaft. Eine Verwendung der getrockneten Pilze als Pulver ist ebenso möglich.

BUCHENRASLING

Lateinischer Name: *Hypsizygus tessulatus*
Andere Namen: Buna-Shimeji, weißer Buchenpilz, Buchenholzrasling
Schwierigkeitsgrad: Schwer
Farbe Sporenpulver: Weiß
Substrat: Holz

Merkmale

Wächst meist in Gruppen, Hut 2–8 cm im Durchmesser, weiß bis hellbraun, Stiel 2–10 cm lang, leicht keulenförmig, Lamellen weißlich bis cremegelblich

Vorkommen in der Natur

Der Buchenrasling kommt in der Natur üblicherweise im Spätsommer bis Spätherbst vor allem auf lebenden oder abgestorbenen Buchen vor.

Geeignete Methoden

Holzstämme, Substratblock/Fertigkultur, Laubholzpellets

Beste Zeit zum Anlegen der Kultur

Kulturen in Innenräumen können das ganze Jahr über angelegt werden. Auf Holzstämmen im Frühling oder Herbst.

Wachstumsbedingungen

Durchwachsphase: 20–24 °C, 25–30 Tage
Fruchtungseinleitung: 12–16 °C; 98–99 % Luftfeuchte
Fruchtungsbedingungen: 16–20 °C; 90–95 % Luftfeuchte
Erntewellen: 1

Wissenswertes

In Japan werden unter dem Begriff „Shimeji" über 20 verschiedene Pilzarten verstanden.

Der Buchenrasling ist auch als Shimeji bekannt.
Foto: SR

Die Pilze wurden im Jahr 1972 zum ersten Mal in Japan gezüchtet.

TIPPS zum Anbau

Wie der Name schon sagt, wächst der Buchenrasling am liebsten auf Buchenholz. Es können jedoch auch andere Laubholzarten verwendet werden. Der Buchenrasling kann auch in Dunkelheit gezüchtet werden.

Sensorik

Sein fein nussiges Aroma macht den Buchenrasling zu einem beliebten Speisepilz. Im Handel ist er oft in den zwei Färbungen braun (gelegentlich marmoriert) und weiß erhältlich. Das zarte Pilzfleisch behält beim Kochen seine Farbe. Er bleibt knackig und bissfest, selbst bei längerer Garzeit. Günstig ist es, den eher langstieligen Pilz in Büscheln zu ernten, denn die Haltbarkeit erhöht sich, wenn noch Substratreste vorhanden sind.

Inhaltsstoffe und gesundheitliche Wirkungen

Wie viele andere Pilze auch, hat der Buchenrasling eine geringe Energiedichte. Dennoch bringt er nennenswerte Mengen an Vitamin B2, B3, B5, B6, B7 und B9 mit. Der Verzehr der Buchenraslinge wirkt laut Literatur allgemein stärkend und ausgleichend. Eine positive Beeinflussung des Blutstoffwechsels (Cholesterin, Atherosklerose) konnte ebenfalls nachgewiesen werden.

Verwendung in der Küche

Der Buchenrasling ist einige Tage im Kühlschrank lagerbar. Beginnt er unangenehm zu riechen, ist er nicht mehr genusstauglich. Seine Aromatik kann der Pilz in vielen Gerichten ausspielen, in denen eine leicht nussige Note gewünscht ist. In Kombination mit Emmer, Dinkel oder Naturreis kommt dieser Geschmack deutlich zur Geltung. In Getreidegerichten, kurz gebraten, getrocknet oder auch eingelegt ist dieser Pilz ein Allrounder in der Küche.

GLÄNZENDER LACKPORLING

Lateinischer Name: *Ganoderma lucidum, Ganoderma lingzhi*
Andere Namen: Reishi, Ling Zhi
Schwierigkeitsgrad: Schwer
Farbe Sporenpulver: Weiß bis cremefarben
Substrat: Holz

Der Glänzende Lackporling ist auch als Reishi bekannt. Foto: Joachim Blaurock

Merkmale

Hutfarbe und Stiel gelb bis dunkelrot glänzend, Fleisch korkartig

Vorkommen in der Natur

Wächst weltweit in mediterranen und gemäßigten Klimazonen auf alten Laubbäumen (Eichen und Rotbuchen), selten auch auf Nadelhölzern. Er kommt selten vor und bevorzugt wärmere Standorte.

Glänzender Lackporling in Hirschgeweihform
Foto: LR

Geeignete Methoden

Holzstämme, Pilzbeet (Holzchips, Sägespäne), Substratblock/Fertigkultur, Laubholzpellets

Beste Zeit zum Anlegen der Kultur

Kulturen in Innenräumen können das ganze Jahr über angelegt werden. Auf Holzstämmen im Frühling oder Herbst.

Wachstumsbedingungen

Durchwachsphase: 20–24 °C, 20–30 Tage
Fruchtungseinleitung: 14–24 °C;
über 90 % Luftfeuchte
Fruchtungsbedingungen: 14–27 °C;
über 85 % Luftfeuchte
Erntewellen: bis zu 3

TIPPS zum Anbau

Wenn der Glänzende Lackporling auf Holzstämmen angebaut wird, ist es für das Pilzwachstum förderlich, wenn die Stämme nach der Durchwachsphase an einem Ende 20–30 Zentimeter eingegraben werden. Alternativ können die Stämme auch auf dem Boden liegend etwa zur Hälfte eingegraben werden.

Der Pilz fruchtet zwar auch bei etwas kühleren Temperaturen, bevorzugt jedoch Temperaturen über 20 °C. Er wächst sehr langsam und es kann drei bis sechs Monate dauern, bis die Fruchtkörper ausgewachsen sind.

Wenn der Glänzende Lackporling mit wenig frischem Sauerstoff gezüchtet wird, bildet er die Hirschgeweihform aus. Wenn er mehr Sauerstoff zur Verfügung hat, bildet er einen größeren Pilzhut aus. Die Sporen bilden sich bei diesem Pilz auf der Oberseite des Pilzhutes.

Wissenswertes

Der Glänzende Lackporling gilt in China auch als der Pilz der Unsterblichkeit und wird dort seit Jahrtausenden medizinisch verwendet. Er ist in Österreich nicht als Speisepilz als solches zugelassen. Als verarbeitetes Pilzerzeugnis kann er jedoch in Verkehr gebracht werden, wenn die Anforderungen an die Lebensmittelsicherheit erfüllt sind.

Sensorik

Sein Name beschreibt sein Aussehen bereits deutlich. Seine Oberfläche ist glänzend und lackähnlich. Die Struktur des Fruchtkörpers ist korkartig, sein Geschmack sehr bitter.

Inhaltsstoffe und gesundheitliche Wirkungen

Von den heilkundlich erwähnten Pilzen ist der Glänzende Lackporling jener Pilz mit den vielfältigsten Anwendungsgebieten. Die bedeutsamsten Wirkstoffe des Pilzes sind die Polysaccharide, Triterpene und Proteoglucane (Eiweiß-Kohlenhydrat-Verbindungen).

Klinische Studien in Europa, Asien und den USA belegen mittlerweile den positiven Einfluss des Pilzes bei Tumorerkrankungen. Auch seine antivirale Wirkung ist mehrfach nachgewiesen und beschrieben. Die Immunsystemstimulation und antientzündlichen Eigenschaften werden auch dem Glänzenden Lackporling nachgesagt. Bekannt sind ebenso antiallergische und stark leberschützende Inhaltsstoffe.

Mittlerweile ist klar, dass die Inhaltsstoffe des Glänzenden Lackporlings stark variieren je nachdem, welches Nährsubstrat er besiedelt.

Verwendung in der Küche

Der Glänzende Lackporling wird nicht als Speisepilz verwendet. Getrocknet und zu Pilzpulver vermahlen ist er in Pulver- oder Kapselform oder als Flüssigextrakt als Nahrungsergänzungsmittel erhältlich.

GOLDKÄPPCHEN

Lateinischer Name: *Pholiota nameko*
Andere Namen: Nameko, Japanisches Stockschwämmchen, Klebriger Schüppling, Toskanapilz
Schwierigkeitsgrad: Schwer
Farbe Sporenpulver: Zimtbraun, rostbraun
Substrat: Holz

Das Goldkäppchen ist auch als Nameko bekannt.
Foto: MF

Merkmale

Hutfarbe und Stiel gelblich bis hellbraun, Oberfläche oft schleimig und glänzend, wächst in Büscheln

Vorkommen in der Natur

Das Goldkäppchen kommt in der Natur nur auf den ostasiatischen Inseln vor. Es wächst dort auf altem oder abgestorbenem Laubholz, vor allem auf Eichen und Buchen.

Geeignete Methoden

Holzstämme, Pilzbeet (Holzchips, Sägespäne), Substratblock/Fertigkultur, Laubholzpellets

TIPPS zum Anbau

Das Goldkäppchen ist ein Winterpilz und benötigt dementsprechend auch etwas kältere Temperaturen für die Fruchtkörperbildung.

Wird das Goldkäppchen auf Holzstämmen angebaut, ist es für das Pilzwachstum förderlich, wenn die Stämme nach der Durchwachsphase an einem Ende 20–30 Zentimeter eingegraben werden. Alternativ können die Stämme auch auf dem Boden liegend etwa zur Hälfte eingegraben werden.

Beste Zeit zum Anlegen der Kultur

Kulturen in Innenräumen können das ganze Jahr über angelegt werden. Auf Holzstämmen im Frühling oder Herbst.

Wachstumsbedingungen

Durchwachsphase: 20–24 °C, 20 Tage
Fruchtungseinleitung: 12–16 °C; über 95 % Luftfeuchte
Fruchtungsbedingungen: 12–16 °C; über 95 % Luftfeuchte
Erntewellen: bis zu 3

Wissenswertes

Das Goldkäppchen ist ein beliebter Pilz in der japanischen Küche. Der Schleim auf der Hutoberfläche dient dazu, Miso-Suppen zu verdicken. Dieser Speisepilz wird in Japan bereits seit den 1920er Jahren kommerziell gezüchtet und galt davor als begehrte und seltene Delikatesse.

Sensorik

Seine schleimige Oberfläche lässt das Goldkäppchen glänzen. Die Geschmacksassoziationen gehen in eine mehlige, leicht süßliche, nussige Richtung. Die Knackigkeit der Pilze bleibt auch nach den Garprozessen erhalten.

Inhaltsstoffe und gesundheitliche Wirkung

Auch die Goldkäppchen enthalten viele Ballaststoffe, die die Darmtätigkeit anregen und das Mikrobiom fördern. Das längerfristige Einatmen der Sporen kann zu einer Pilzzüchterlunge führen. Diese Sensibilisierung kann sich als Husten, Müdigkeit und Fieber bei Kontakt mit den Pilzsporen zeigen. In den Wachstumsräumen von Pilzzuchtbetrieben tragen die Angestellten Atemschutzmasken.

Verwendung in der Küche

Das Goldkäppchen ist eine beliebte Beilage von Miso-Suppen und anderen japanischen Gerichten. In Italien werden eingelegte Goldkäppchen für Antipasti aufgrund ihrer Bissfestigkeit genutzt. Die Stiele können mitverzehrt werden. Beim Zubereiten geht die schleimige Schicht verloren.

KLAPPERSCHWAMM

Lateinischer Name: *Grifola frondosa*
Andere Namen: Maitake, Laubporling, Waldhühnchen
Schwierigkeitsgrad: Schwer
Farbe Sporenpulver: Weiß
Substrat: Holz

Junger Klapperschwamm Foto: SR

Merkmale

Pilze wachsen in Büscheln von bis zu 50 cm Durchmesser, Pilzhüte jeweils mit einer Größe von 2–8 cm, teilweise ineinander verwachsen, Fleisch hellbraun

Vorkommen in der Natur

Der Klapperschwamm wächst im Wurzelbereich von Eichen oder Kastanien, manchmal auch bei Buchen oder Linden. Man findet ihn vom Sommer bis zum späten Herbst.

Geeignete Methoden

Holzstämme, Substratblock/Fertigkultur, Laubholzpellets

Beste Zeit zum Anlegen der Kultur

Kulturen in Innenräumen können das ganze Jahr über angelegt werden. Auf Holzstämmen im Frühling oder Herbst.

Wachstumsbedingungen

Durchwachsphase: 20–24 °C, 25–30 Tage
Fruchtungseinleitung: 18–22 °C; 98–99 % Luftfeuchte
Fruchtungsbedingungen: 16–20 °C; 95–99 % Luftfeuchte
Erntewellen: 1

Wissenswertes

Die Pilztrauben können extreme Ausmaße annehmen. In Deutschland wurde im Jahr 2018 ein mehr als 20 kg schwerer Klapperschwamm entdeckt. In Japan soll es Funde von über 40 kg schweren Exemplaren gegeben haben. In der europäischen Küche spielt dieser Speisepilz eine untergeordnete Rolle und ist den meisten unbekannt. Gelegentlich kommt es zu Verwechslungen mit dem ebenfalls essbaren Eichhasen (Pilz).

TIPPS zum Anbau

Der Klapperschwamm benötigt zum Fruchten eine sehr hohe Luftfeuchtigkeit. Sobald die Pilze größer werden, sollten die Fruchtkörper nicht mehr direkt mit Wasser gegossen werden, da sonst das Bakterienwachstum gefördert wird.

Wird der Klapperschwamm auf Holzstämmen angebaut, ist es für das Pilzwachstum förderlich, wenn die Stämme nach der Durchwachsphase an einem Ende 20–30 Zentimeter eingegraben werden. Alternativ können die Stämme auch auf dem Boden liegend etwa zur Hälfte oder auch komplett eingegraben werden.

Sensorik

Seine jungen grau-braunen Fruchtkörper haben ein feines Pilzaroma und ein festes Fleisch. Ältere Pilze werden zäh und labbrig – ähnlich wie beim Austernseitling. Die Strünke eignen sich nicht zum Essen, können aber getrocknet werden.

Inhaltsstoffe und gesundheitliche Wirkungen

Neben den in mehreren Pilzen vorkommenden α- und β-Glucanen, ist vor allem dem Polysaccarid Grifolan Aufmerksamkeit zu schenken. Es wird als Schlüsselpolysaccharid in der begleitenden Krebstherapie in Studien immer wieder eingesetzt. Der Einfluss auf den Blutfettspiegel, das Immunsystem, den Blutzuckerspiegel und den Kreislauf geschieht auf vergleichbare Weise, wie bei anderen Pilzen über die Polysaccharide. Der Klapperschwamm zählt wohl zu den bestuntersuchten Pilzen.

Verwendung in der Küche

Frische, junge Fruchtkörper können gebacken werden – egal ob mit Backteig oder klassischer Panier. Ähnlich den Seitlingen kann er kleingeschnitten und mitverarbeitet vielen Speisen das „gewisse Etwas" verleihen. Getrocknete Einzelhüte und Strünke können in Wasser oder Suppe ausgekocht werden. Diese aromatischen Auszüge können Saucen und Gemüse verfeinern.

PIOPPINO

Lateinischer Name: *Cyclocybe cylindracea, Agrocybe aegerita*
Andere Namen: Südlicher Ackerling, Südlicher Schüppling, Samthaube
Schwierigkeitsgrad: Schwer
Farbe Sporenpulver: Ockerfarben bis dunkelbraun
Substrat: Holz

Pioppino als helle Variante Foto: MF

Merkmale

Hutfarbe cremeweiß bis ockerfarben, Stiel weißlich, Stielbasis dunkler, Lamellen und Fleisch weißlich bis hellbraun

Vorkommen in der Natur

Der Pioppino kommt weltweit vor und wächst in der Natur vor allem in mediterranem Klima, oft auch in Weinanbaugebieten. Man findet ihn büschelig wachsend auf Baumstümpfen und an lebenden Laubholzbäumen, oft auf Pappeln.

Geeignete Methoden

Holzstämme, Substratblock/Fertigkultur, Laubholzpellets

Beste Zeit zum Anlegen der Kultur

Kulturen in Innenräumen können das ganze Jahr über angelegt werden. Auf Holzstämmen im Frühling oder Herbst.

Wachstumsbedingungen

Durchwachsphase: 20–24 °C, 15–17 Tage
Fruchtungseinleitung: 18–24 °C;
90–95 % Luftfeuchte
Fruchtungsbedingungen: 18–28 °C;
85–90 % Luftfeuchte
Erntewellen: 2–3

TIPPS zum Anbau

Der Pilz benötigt während der Fruchtungseinleitung eine hohe Luftfeuchtigkeit und wärmere Temperaturen.

Wissenswertes

Bereits die Römer haben erste Experimente mit der Zucht des Pioppino auf Pappelstämmen unternommen. Je kühler die Temperaturen beim Wachstum sind desto dunkler ist die Kappenfarbe und desto knackiger ist der Pilz. Geerntet werden die ganzen Büschel.

Pioppino als dunkle Variante Foto: MF

Sensorik

Der Pioppino kann von cappuccinobraun bis tief dunkelbraun gefärbt sein. Das optimale Erntestadium ist kurz vor dem Öffnen des Velums (jener Teil des Pilzes, der den Hut mit dem Stiel verbindet). Die Pilze sind knackig und bleiben auch nach dem Garen bissfest. Der unterste Stiel ist meist etwas zäh. Sie haben ein intensives Waldpilzaroma, ähnlich dem Steinpilz, mit einer leicht pfeffrigen Note.

Inhaltsstoffe und gesundheitliche Wirkung

Der Pioppino enthält alle acht essentiellen Aminosäuren, mit einem hohen Anteil an Lysin. Er besitzt auch medizinisch interessante Inhaltsstoffe: die Polysaccaridgruppe β-Glucan. Der Pioppino ist in einigen wenigen Studien untersucht worden, die aber keine medizinische Wirkung in ausreichendem Maß belegen können. Als optimales Lebensmittel bei Bluthochdruck und Herzerkrankungen wird der Pilz in der chinesischen Volkskultur verwendet.

Verwendung in der Küche

Kleine oder früh geerntete Pilze können in Essig oder Öl eingelegt werden. Auch getrocknet verbreitet der Pilz ein volles Aroma in Suppen und Saucen. Der Pilz kann im Ganzen zubereitet werden (evt. die letzten Enden des Stiels kappen), passt hervorragend zu Ofengemüse, auf die Grillplatte, zu Wild-, Lamm- oder Nudelgerichten.

SCHWARZE TRÜFFEL

Lateinischer Name: *Tuber melanosporum*
Andere Namen: Perigord-Trüffel, Gefleckte Trüffel
Schwierigkeitsgrad: Experimentell
Farbe Sporenpulver: Dunkelbraun
Substrat: Unbekannt bzw. siehe Kapitel „Experimentelle Methoden“

Merkmale

Fruchtkörper weiß bis dunkelgelb, knollenförmig, 2–10 cm groß, mit kleinen Warzen versehen, Fleisch braun mit weißlichen Adern

Vorkommen in der Natur

In Laubwäldern auf kalkreichen Böden. Wächst meist in mediterranem Klima, in Ländern wie Frankreich, Italien, Kroatien oder Ungarn in Symbiose mit verschiedenen Arten von Laubbäumen. Der Pilz wird meist im Herbst gesammelt.

Geeignete Methoden

Trüffelbäumchen

Beste Zeit zum Anlegen der Kultur

Im Herbst – Oktober bis November

Wachstumsbedingungen

Unbekannt bzw. siehe Kapitel „Experimentelle Methoden“

Wissenswertes

Auch in Österreich, Deutschland und der Schweiz haben in den letzten Jahren die ersten erfolgreichen Anbauversuche stattgefunden. Von den gehandelten schwarzen Trüffeln stammen inzwischen mehr als 90 % von Plantagen.

Schwarze Trüffel Foto: Josef Huber

Sensorik

Trüffeln sind mit Ausnahme der weißen Trüffel sehr dunkel braun bis schwarz, mit einer zerfurchten Oberfläche. Im Anschnitt sind sie marmoriert und feinadrig durchzogen. Der Geruch wird als erdig und waldig, leicht haselnussig, intensiv und mit einer leicht süßlichen Moschusnote beschrieben. Der intensivste Geruch und Geschmack wird beim Erhitzen auf eine Temperatur zwischen 40 °C und 50 °C erreicht.

Inhaltsstoffe und gesundheitliche Wirkungen

Bei den Vitaminen sticht der Gehalt an Vitamin B5 (Panthothensäure) hervor. Mit 2,5 mg/100 g Frischpilz ist er im Vergleich zu anderen Pilzen deutlich höher. Auch der Eisengehalt und der Eiweißgehalt sind höher als in den genannten Großpilzen. In Relation zur Verzehrmenge spielen die Inhaltsstoffe in der menschlichen Ernährung aber keine bedeutende Rolle. Eine aphrodisierende Wirkung aufgrund des moschusähnlichen Geruchs ist aber immer wieder in Diskussion.

Verwendung in der Küche

Die klassische Verwendung von Trüffeln ist die gehobelte Form als Topping auf verschiedenen Gerichten mit Reis, Nudeln oder Fleisch. Auch Öl, Mayonnaise und Butter können damit aromatisiert werden. Einige legen die Trüffel auch in Reis ein. Dieser nimmt das Aroma an und kann als Risotto zubereitet werden.

SPEISEMORCHEL

Lateinischer Name: *Morchella esculenta*
Andere Namen: Maipilz, Maierling
Schwierigkeitsgrad: Experimentell
Farbe Sporenpulver: Cremefarben
Substrat: Unbekannt bzw. siehe Kapitel „Experimentelle Methoden"

Merkmale

Fruchtkörper 5–14 cm hoch, eiförmig, wabenartig, innen hohl, Fleisch weiß bis hellgelb

Vorkommen in der Natur

Speisemorcheln wachsen meist im April oder Mai. Sie kommen oft in Auwäldern, Parks, an Waldrändern oder in Rindenmulch vor.

Geeignete Methoden

Pilzbeet bzw. siehe Kapitel „Experimentelle Methoden"

Beste Zeit zum Anlegen der Kultur

Die Pilze fruchten bei erfolgreichem Anbau im Frühling. Die Kultur wird idealerweise im vorhergehenden Herbst angelegt. Bei Anlage im Frühling fruchten die Pilze im darauffolgenden Frühling.

Wachstumsbedingungen

Unbekannt bzw. siehe Kapitel „Experimentelle Methoden"

Wissenswertes

Morcheln wachsen oft massenhaft nach Waldbränden.

Morchel aufgeschnitten Foto: LR

Sensorik

Die gerippten, wabenartig aussehenden Kappen der Morcheln können verschiedene Braunfärbungen aufweisen. Der Stiel ist hohl und heller als die Kappen. Der Hut ist leicht zerbrechlich. Morcheln riechen angenehm pilzig-würzig und sollten bei der Ernte trocken sein.

Inhaltsstoffe und gesundheitliche Wirkungen

Morcheln haben einen eher hohen Gehalt an Magnesium im Vergleich zu anderen Pilzen. Sie sind reich an bioaktiven Polysacchariden, den Glucanen. In der Traditionellen Chinesischen Medizin (TCM) werden sie zur Behandlung von Verdauungsstörungen, überschüssigem Auswurf und Kurzatmigkeit verwendet.

Gelegentlich tritt auch das sogenannte Morchella-Syndrom auf. Frische Morcheln enthalten Magen-Darm-Trakt reizende Stoffe, sogenannte Hämolysine, die hitzelabil sind und somit durch den Kochprozess zerstört werden. Bei älteren Fruchtkörpern wird vermutet, dass ein Toxin (Giftstoff) gebildet wird. Was genau zum Syndrom führt, konnte noch nicht geklärt werden. Die Symptome treten etwa fünf Stunden nach dem Verzehr der Morcheln mit Bauchschmerzen, Brechreiz, Erbrechen und Durchfall auf. Manchmal ist diese Symptomatik durch neurologische Begleiterscheinungen gekennzeichnet, die nach etwa zwölf Stunden mit Zittern, Schwindel, Trunkenheitsgefühl, Bewegungs- und Sehstörungen zutage treten.

Verwendung in der Küche

Morcheln können frisch und getrocknet in vielen Speisen eingesetzt werden. Sie zählen zu den teuersten Speisepilzen und verbreiten ein angenehm pilziges Aroma. Mit verschiedenen Füllungen zubereitet, gelten sie vielerorts als Delikatesse.

Morcheln und Bärlauch kommen oft an denselben Standorten vor. Foto: LR

ALLGEMEINES ZUR PILZZUCHT

VON DER PILZBRUT ZUR ERNTE

Unabhängig von der Methode geht man in der Pilzzucht grundsätzlich immer in derselben Reihenfolge vor.

1. Vorbereiten des Substrats
Das Substrat, auf dem die Pilze später wachsen sollen, wird vorbereitet. Je nach Substrat ist die Vorbereitung mehr oder weniger aufwendig. Kaffeesatz kann beispielsweise ohne weitere Vorbehandlung einfach frisch verwendet werden, sollte aber nicht älter als 24 Stunden sein. Bei der Baumstamm-im-Sack-Methode dagegen muss das Substrat vorab abgekocht werden.

2. Vorbereiten der Pilzbrut
Da die Pilzbrut oft zu einem Block verwachsen ist, muss dieser durch Schütteln oder Kneten des verschlossenen Brutsacks wieder in die einzelnen Partikel (meist Getreide oder Sägespäne) aufgetrennt werden.

3. Beimpfen des Substrats
Je nach Methode wird das vorbereitete Substrat in unterschiedlicher Weise mit der Pilzbrut beimpft.

4. Durchwachsen des Substrats
Das Pilzmyzel besiedelt das Substrat und holt sich die Nährstoffe, die es für das spätere Wachstum des Fruchtkörpers braucht.

5. Fruchten der Pilze
Sobald das Substrat gänzlich durchwachsen ist, wird das Myzel einer Stresssituation, meist einem Kälteschock ausgesetzt. Dadurch werden die Pilze zur Fruchtkörperbildung angeregt.

6. Ernte
Je nach Pilzart und Temperatur können ein paar Tage bis Wochen nach dem Beimpfen die Pilze geerntet werden.

1. →	2. →	3. →	4. →	5. →	6.
Vorbereiten des Substrats	Vorbereiten der Pilzbrut	Beimpfen des Substrats	Durchwachsen des Substrats	Fruchten der Pilze	Ernte

Die sechs Schritte der Pilzzucht

DIE RICHTIGE ZUCHTMETHODE WÄHLEN

	Pilzzucht im Garten					Pilzzucht in Behältnissen			
	Holzstämme	Pilzbeet (Stroh)	Pilzbeet (Holzchips, Sägespäne)	Pilzbeet (Kompost)	Strohballen	Substratblock/ Fertigkultur	Kaffeesatz	Strohpellets	Laubholzpellets
Austernseitling	X	X	X		X	X	X	X	X
Sommer-Austernseitling	X	X	X		X	X	X	X	X
Zitronenseitling	X	X	X		X	X	X	X	X
Rosenseitling*	X	X	X		X	X	X	X	X
Kräuterseitling					X	X		X	X
Riesenträuschling		X	X		X	X			X
Shiitake	X				X**	X			X
Igelstachelbart	X					X		X	X
Glänzender Lackporling	X		X			X			X
Goldkäppchen	X		X			X			X
Schopftintling				X		X			
Champignon				X		X			
Judasohr	X					X			X
Pioppino	X					X			X
Klapperschwamm	X					X			X
Buchenrasling	X					X			X
Schmetterlingstramete	X					X			X
Samtfußrübling	X					X			X

Übersicht, welche Pilzarten mit welchen Methoden gezüchtet werden können

* Rosenseitlinge sterben unter 10 °C ab und eignen sich daher nicht für einen Anbau über die Wintermonate!

** Wählen Sie einen Shiitake-Zuchtstamm, der sich für Stroh eignet!

SUBSTRATE

Pilze wachsen auf Reststoffen aus Land- und Forstwirtschaft, für die es oft keine weitere Verwendung mehr gibt. Sie können diese Reststoffe so zersetzen, dass andere Pflanzen die Nährstoffe wieder aufnehmen können. In der professionellen Pilzzucht werden meist Substrate verwendet, die lokal vorkommen und günstig oder gratis verfügbar sind.

So kommen weltweit verschiedenste Rohstoffe zum Einsatz. Neben den meistverwendeten Materialien wie Weizen- oder Reisstroh und Sägespänen kommen auch Biertreber (Reststoff beim Bierbrauen), Maiskolben, Sonnenblumenschalen, Zuckerrübenschnitzel, Kaffeesatz, Hanfstroh, Elefantengras oder weggeworfenes Brot aus Supermärkten zum Einsatz.

Pilzzüchter verwenden oft viele Jahre oder auch Jahrzehnte darauf diese Materialien in unterschiedlichen Zusammensetzungen zu Vermischen und auf die verschiedenen Pilzarten abzustimmen.

Die Substrate, die in der Hobbypilzzucht verwendet werden, überschneiden sich zu großen Teilen mit den oben genannten. Manche der genannten Materialien sind jedoch nur in großen Mengen erhältlich oder müssen etwas aufwendiger vorbehandelt werden, um sie für die Pilzzucht nutzbar zu machen.

INFO

Für viele Anwendungen in der Pilzzucht werden spezielle Filtersäcke eingesetzt. Diese besitzen einen zusätzlichen Filter, der von Partikeln unter einer Größe von 0,2 Mikrometer nicht passiert werden kann. Pilzsporen und Bakterien kommen so nicht zum Pilzsubstrat, der vom Myzel benötigte Sauerstoff dagegen schon.

Stroh

Stroh fällt bei der Getreideernte in großen Mengen an. Auf eine Tonne geerntete Weizenkörner kommen etwa 400 kg Weizenstroh. Dieses wird traditionell als Einstreu in Ställen genutzt, verbleibt auf dem Feld zur Versorgung von Mikroorganismen oder wird immer öfter auch in Biogasanlagen zum Erzeugen von Energie eingesetzt.

Getreidehalme haben als Bestandteile einjähriger Pflanzen einen einfacheren Zellaufbau als verholzte Materialien. Daher kann das Pilzmyzel die Zellen des Strohs schneller „aufspalten", um sich die Nährstoffe herauszuholen. Gleichzeitig kann getrocknetes Stroh in Ballen mehrere Jahre gelagert werden.

Aus diesen Gründen ist Stroh auch das beliebteste Substrat zur Zucht von Austernseitlingen. Da diese Pilze sehr schnell wachsen, können sie das Stroh meist schneller besiedeln als jeder „Konkurrent" – insbesondere schneller als Schimmelpilze.

Je kürzer die Halme sind, umso einfacher ist das Stroh in der Handhabung und umso schneller kann es vom Pilz besiedelt werden. Am besten eignet sich Stroh mit einer Halmlänge von drei bis zehn Zentimetern.

Der Strohhalm ist von einer feinen Schicht aus Wachs umschlossen. Diese Schicht schützt die Getreidepflanze vor dem Eindringen von Schadorganismen. Durch Bewässern über einen längeren Zeitraum oder andere Vorbehandlungsmethoden löst sich diese Schicht auf.

Bei der Verwendung von Stroh sollte darauf geachtet werden, dass das Stroh aus einem bio-zertifizierten Betrieb stammt bzw. nach biologischen Richtlinien angebaut wurde. Beim konventionellen Getreideanbau werden oft große Mengen an Chemikalien eingesetzt, um Schädlinge, darunter auch viele Pilzarten, in den Griff zu bekommen. Die verwendeten Fungizide hemmen jedoch das Pilzwachstum nicht nur auf dem Feld, sondern auch in der Pilzzucht. Mit Fungiziden behandeltes Stroh kann somit von Speisepilzen nur schwer besiedelt werden. Außerdem nehmen Pilze die Giftstoffe aus dem Strohhalm auf und konzentrieren diese im Fruchtkörper.

Für die Pilzzucht im eigenen Haus und Garten ist grundsätzlich jede Strohart geeignet. Manche Arten erzielen jedoch höhere Erträge oder durchwachsen schneller. Unter professio-

Stroh ist ein beliebtes Substrat im Pilzanbau.
Foto: SR

nellen Pilzzüchtern ist Weizenstroh am beliebtesten. Es kann vom Pilz schnell durchwachsen werden und liefert hohe Erträge. Sehr gute Ergebnisse erzielt man auch mit Gerstenstroh, hier sind die Erträge ungefähr gleich hoch wie bei Weizenstroh, jedoch dauert die Durchwachszeit bis zu 30 % länger. Etwas weniger gut eignen sich Hirse- oder Roggenstroh. Diese Sorten liegen ungefähr bei 70 % des Ertrages von Weizenstroh und durchwachsen auch etwas langsamer. Sollten Sie zufällig darauf Zugriff haben, dann eignen sich auch Elefantengras oder Schilf sehr gut. Es muss darauf geachtet werden, dass das Stroh in Mengen verfügbar ist, die sich gut handhaben lassen.

Während für Landwirte 300–400 Kilogramm schwere Strohballen als Ausgangsmaterialien in der Handhabung kein Problem darstellen, sind für Hobbypilzzüchter kleinere Strohballen mit 10–20 Kilogramm meist besser geeignet. Diese können einfacher transportiert werden. Strohballen sind in Agrarmärkten sowie bei Händlern für Kleintier- oder Pferdebedarf erhältlich.

Vorbehandlung

Pilzzüchter behandeln das Stroh meist mit einer oder mehreren Methoden vor, um höhere Erträge zu erhalten. Die folgenden Methoden zur Vorbehandlung funktionieren auch im Hobbybereich. Das Stroh muss jeweils zuerst in die Behältnisse gefüllt und mit einem Gewicht beschwert werden, damit es unter Wasser bleibt.

Fermentieren im Wasserbad: Das Stroh wird mindestens fünf Tage in einem Wasserbad untergetaucht. Nach etwa drei Tagen beginnt der Fermentationsprozess von alleine. Durch diesen Prozess vermehren sich die für das Pilzwachstum förderlichen Bakterien und verdrängen die unerwünschten Bakterien. Das Stroh riecht zwar etwas gewöhnungsbedürftig, das hat aber keinen Einfluss auf das Pilzwachstum.

Einlegen in kalkhaltiges Wasser: Das Stroh wird für mindestens 24 Stunden in ein kalkhaltiges Wasserbad gelegt. Durch die alkalische Umgebung werden die im Stroh befindlichen Mikroorganismen zurückgedrängt und das Myzel in weiterer Folge weniger Konkurrenz beim Wachsen. Für optimale Ergebnisse sollte der pH-Wert des Wassers 12–13 betragen. Das entspricht ungefähr 1–2 kg Kalk pro 200 l Wasser. Es sollte Kalk mit einem Magnesiumgehalt von weniger als 5 % verwendet werden. Baukalk oder Weißkalk eignen sich sehr gut. Futterkalk sollte vermieden werden.

Pasteurisation mit Wasser: Das trockene Stroh kann auch direkt für 2–3 Stunden in 60–70 °C heißes Wasser untergetaucht werden. Die Wachsschicht, die das Stroh umgibt, löst sich hier direkt nach dem Eintauchen auf. Das Wasser kann zwei- bis dreimal wiederverwendet werden, bevor es weggeschüttet

Stroh wird durch Einwässern für die Pilzzucht vorbereitet. Foto: SR

Stämme von etwa einem Meter Länge sind ideal.
Foto: SR

werden muss. Für kleinere Mengen kann das Wasser in einem Wassertopf oder Glühweinkocher erhitzt werden. Für größere Mengen kann man eine Metalltonne über einem Gasbrenner platzieren oder das in einem Boiler erwärmte Wasser direkt in die Behältnisse einfüllen, in denen sich Stroh befindet.

INFO

Wasserverbrauch in der Pilzzucht
Für die Herstellung von einem Kilogramm Pilze werden acht Liter Wasser benötigt. Im Vergleich dazu liegt ein Kilogramm Getreide bei einem Wasserverbrauch von 1.350 Litern und ein Kilogramm Rindfleisch bei rund 16.000 Litern.

Holzstämme

Da die meisten Zuchtpilze Holzzersetzer sind, ist ihr natürliches Habitat der Baumstamm. Die meisten Pilzarten gedeihen sogar besser auf ihrem natürlichen „Substrat“, den Baumstämmen, als auf anderen Substraten. Geeignete Holzstämme sind aus Laubholz und weisen meist eine Länge von einem Meter und einen Durchmesser von 10–25 Zentimeter auf. Sind keine passenden Holzstämme zur Hand, können Sie sich in einem nahegelegenen Sägewerk oder bei Landwirten aus der Umgebung erkundigen. Spätestens bei der nächsten Holzernte sollten Sie dann loslegen können. Weitere Faktoren auf die Sie bei der Wahl des richtigen Holzstammes achten sollten, finden Sie im entsprechenden Kapitel.

Kaffeesatz

Kaffee wird weltweit in riesigen Mengen getrunken. Er ist nach Erdöl das Gut mit dem zweitgrößten Handelsvolumen. So werden weltweit jedes Jahr 171 Millionen Säcke Kaffee gehandelt. Bei einem Gewicht pro Sack von 60 kg sind das insgesamt 10,3 Milliarden Tonnen Kaffee pro Jahr. Von dieser unvorstellbar großen Menge an Kaffeebohnen löst sich beim Abbrühen nur ein Bruchteil tatsächlich aus der Kaffeebohne heraus. Weniger als 1 % der Bohne kommt in der Kaffeetasse an. Der Rest wird als Kaffeesatz entsorgt. In Cafés, Seniorenheimen oder Firmenkantinen fallen oft mehrere hundert Kilogramm Kaffeesatz pro Woche an. Die Betreiber sind oft dankbar, wenn ihnen jemand diese Menge an „Abfall“ abnimmt. Kaffeesatz ist somit kostenlos in großen Mengen verfügbar und eignet sich perfekt zur Zucht von Austernseitlingen und anderen Seitlingen.

In vielen europäischen Städten gibt es bereits Pilzzüchter, die sich diese Ressource zunutze machen.

Ein großer Vorteil von Kaffeesatz besteht darin, dass er durch das Abbrühen bereits nahezu keimfrei ist. Hier ist aber rasches Arbeiten gefragt, da es aufgrund der hohen

Kaffeesatz kann frisch oder getrocknet verwendet werden. Foto: SR

Feuchtigkeit des Kaffeesatzes rasch zu neuen Kontaminationen kommt. Frischer Kaffeesatz wird am besten direkt nach dem Abkühlen mit Pilzmyzel beimpft.

Ist dies nicht möglich, sollte er innerhalb von ein bis zwei Tagen getrocknet werden. In einem luftdichten Behälter kann er so mehrere Jahre gelagert werden. Um ihn für die Pilzzucht wieder einsatzbereit zu machen, muss der Kaffeesatz mit heißem Wasser wieder vermischt werden.

Pellets

Da Pellets bei der Herstellung unter hohen Temperaturen gepresst werden, sind diese auch zu einem großen Teil keimfrei und können ohne spezielle Vorbehandlung verwendet werden. Pellets werden aus Sägespänen oder anderen landwirtschaftlichen Reststoffen gepresst. Beim Pressvorgang entstehen Temperaturen zwischen 70 und 85 °C. Diese Temperaturen bringen das in den Pflanzenzellen vorhandene Lignin zum Schmelzen. Beim darauffolgenden Abkühlvorgang verfestigt sich das Lignin wieder und gibt so dem „Pellet“ seine Form.

Laubholzpellets eignen sich sehr gut für die Pilzzucht. Auch Strohpellets werden immer öfter verwendet. Je nach Region sind auch Pellets aus Maisspindeln, Heu, Rübenschnitzeln, Schafwolle und vielen weiteren Stoffen verfügbar. Zu diesen Materialien liegen jedoch noch wenig oder keine Erfahrungen vor. Nadelholzpellets sind aufgrund des Harzgehaltes nicht geeignet. Auch von sehr günstigen Pellets wird eher abgeraten. Diese enthalten oft Füllstoffe, die nicht von Pilzen abgebaut werden können und im schlechtesten Fall gesundheitsschädlich für den menschlichen Körper sind.

Gut eignen sich auch Räucherpellets. Diese werden zum Räuchern von Fisch- oder Fleischwaren verwendet.

Sägespäne

Sägespäne sind das wichtigste Grundsubstrat für die Zucht der meisten Arten von Speisepilzen. Im Hobbybereich eignen sich Sägespäne für den Einsatz in Pilzbeeten. Es sollten wiederum nur Laubholzsägespäne eingesetzt werden.

Da Sägespäne meist eine große Anzahl an Mikroorganismen enthalten, müssen sie in den meisten Fällen unter hohen Temperaturen vorbehandelt werden, um sie für die Pilzzucht nutzbar zu machen. Aufgrund dieser Vorbehandlung sind sie eher für die professionelle Pilzzucht geeignet und weniger für den Hobbybereich.

Holzchips oder Hackschnitzel

Wie Sägespäne enthalten auch Holzchips oder Hackschnitzel eine große Anzahl an Mikroorganismen und sollten von Laubholzbäumen stammen. Beide eignen sich gut für den Einsatz in Pilzbeeten. Vor dem Verteilen

Laubholzpellets sind für die Pilzzucht sehr gut geeignet. Foto: SR

Sägespäne sind in der Hobbypilzzucht weniger zu empfehlen. Foto: SR

Vor dem Einsatz im Pilzbeet sollten Holzchips in Wasser eingelegt werden. Foto: SR

im Pilzbeet sollten die Holzreste mindestens 24 Stunden eingewässert werden.

Kompost

Champignons und Schopftintlinge sind sogenannte Sekundärzersetzer. Sie ernähren sich von Materialien, die von anderen Pilzen oder Mikroorganismen bereits vorzersetzt wurden. Am wohlsten fühlen sie sich in einer Mischung aus ein paar Wochen bis Monate abgelegenem Pferde-, Kuh- oder Hühnermist, der mit Stroh und Gartenerde vermischt wurde. Auch abgeerntetes Pilzsubstrat kann diesem Kompost beigemischt werden.

Im Supermarkt erhältliche Champignons werden in den meisten Fällen auf einer Mischung aus Pferde- oder Hühnermist angebaut, vermischt mit Stroh und verschiedenen anderen Zusätzen. Auf diese Substratmischung kommt eine Deckschicht, die zum größten Teil aus Torferde besteht. Diese Deckschicht hält die Feuchtigkeit und Nährstoffe im Beet und ist daher sehr förderlich für das Myzelwachstum und die spätere Ernte.

Papier und Karton

Pilze wären eine großartige Möglichkeit, um die großen Mengen an Altpapier und Kartonagen, die jedes Jahr anfallen, zu recyceln. Vor allem unbedrucktes und ungebleichtes Papier und Karton eignen sich grundsätzlich sehr gut für die Zucht von Austernseitlingen. Leider wurde der Großteil des Altpapiers schon einmal bedruckt. Die Druckfarbe besteht meist aus erdölbasierten Chemikalien und anderen Giftstoffen, die nicht in den menschlichen Nahrungskreislauf kommen sollten. Pilze können diese Materialien schnell abbauen und die Giftstoffe „heraussaugen" – sollten dann aber auf keinen Fall in den Lebensmittelkreislauf kommen.

Die Druckprobe

Um das jeweilige Substrat für die Pilzzucht nutzbar zu machen, muss es mit Wasser befeuchtet bzw. durchtränkt werden. Die meisten Substrate besitzen eine Wasserhaltekapazität von 60–70 %. Da Pilze zu 90 % aus Wasser bestehen, fühlen sie sich umso wohler, je mehr Wasser bereits im Substrat

Von Myzel durchwachsenes Buch, auf dem bereits kleine Pilze zu sehen sind. Foto: SR

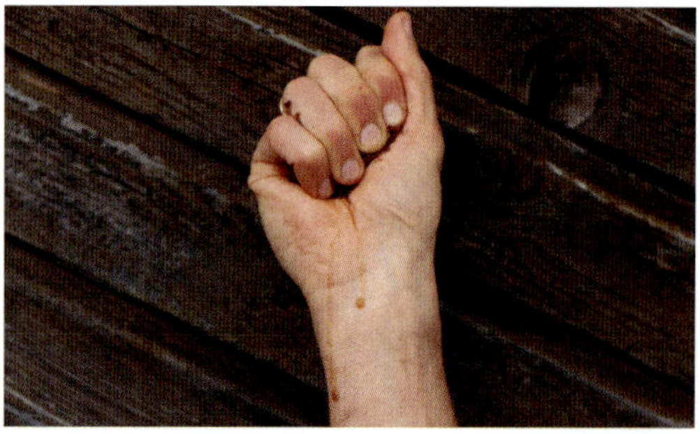

Mit der Druckprobe lässt sich der Wassergehalt im Substrat überprüfen. Foto: LR

vorhanden ist. Zuviel Wasser fördert jedoch die Schimmelbildung und verhindert, dass das Myzel genug Sauerstoff bekommt. Die sogenannte Druckprobe ist eine einfache Methode, um den richtigen Wassergehalt jedes Substrats festzustellen.

Dazu nehmen Sie etwas Substrat in die Hand und drücken es fest in der Faust zusammen. Wenn dabei ein paar Tropfen aus dem Substrat gedrückt werden, ist es genau richtig. Wenn das Wasser in Strömen herausrinnt, ist das Substrat zu feucht. Dann muss noch mehr trockenes Material zugegeben werden. Wenn sich keine Wassertropfen bilden, ist das Substrat zu trocken und es muss noch mehr Wasser zugegeben werden.

Abgeerntetes Pilzsubstrat wiederverwenden

Abgeerntetes Pilzsubstrat ist ein idealer Dünger für die Pflanzen im eigenen Haus oder Garten. Das Pilzmyzel kompostiert das verwendete Substrat bereits so vor, dass die vorhandenen Nährstoffe sehr einfach von den Pflanzen aufgenommen werden können. Es kommt auch häufig vor, dass bei entsprechender Witterung Pilze zwischen den Gemüsepflanzen auftauchen.

Besonders findigen Gärtnern gelingt es, Pilze und Pflanzen in einem Beet oder Gewächshaus zu kombinieren. Die Pilze benötigen Sauerstoff und erzeugen Kohlenstoffdioxid. Die Pflanzen wiederum benötigen Kohlenstoffdioxid und erzeugen durch Photosynthese den Sauerstoff für die Pilze. Zusätzlich können die Pilze die organischen Überreste der Pflanzen kompostieren und erzeugen daraus wieder Dünger für die Gemüsebeete.

Von alten Substratblöcken können oft am Komposthaufen noch weitere Pilze geerntet werden. Foto: LR

Altes Substrat kann im Garten gut wiederverwendet werden. Foto: SR

PILZBRUT

Was für den Gärtner der Samen ist, ist für den Pilzzüchter die Pilzbrut. Generell gilt, wo immer das möglich ist, sollte Pilzbrut nur mit sauberen und, wenn möglich, desinfizierten Händen berührt werden. Sie können auch Einweghandschuhe verwenden. Jede Berührung erhöht das Kontaminationsrisiko. Grundsätzlich ist bei den vorgestellten Methoden eine große Fehlertoleranz vorhanden. Dennoch gilt: Je sauberer Sie arbeiten, desto besser die Ergebnisse. Nach dem Beimpfen wächst das Myzel von jedem „Brutpunkt" aus in das Substrat ein. Das bedeutet, je mehr Pilzbrut verwendet wird, desto schneller kann das Myzel das Substrat besiedeln und desto höher sind die Erfolgsaussichten. Gleichzeitig bedeutet ein höherer Brutanteil auch höhere Kosten. Die idealen Mengen an Pilzbrut sind bei den jeweiligen Methoden angegeben. Um sicher zu gehen, können Sie immer mehr Brut verwenden als angegeben. Eine geringere Brutquote als empfohlen, verringert Ihre Erfolgsquote und sollte daher nur mit ausreichender Erfahrung versucht werden.

Pilzbrut ist umso vitaler, je frischer sie verwendet wird. Idealerweise verwenden Sie die Brut also direkt nach dem Erhalt. Wenn diese schon etwas älter ist, sollten Sie aber die Brutrate etwas erhöhen, um das langsamere Wachstum des Myzels auszugleichen.

Wird die Pilzbrut nicht sofort benötigt, sollte sie gekühlt werden. Die ideale Lagertemperatur liegt knapp über dem Gefrierpunkt bei 1–3 °C. Bei Lagerung im Kühlschrank bei 4–8 °C verringert sich die Haltbarkeit etwas.

Da das Myzel auch bei niedrigen Temperaturen weiterwächst und Wärme erzeugt, sollte im Kühlschrank, wenn möglich, etwas Abstand zwischen den Brutsäcken gelassen werden. An den Stellen, wo sich unterschiedliche Brutsäcke berühren, steigt die Temperatur und die Brut altert an diesen Stellen schneller.

Der Inhalt eines Sacks Pilzbrut wird je nach Hersteller entweder in Litern oder Kilogramm angegeben. Je nach verwendeter Getreide- oder Holzart bei Sägespänen gibt es leichte Unterschiede. Grundsätzlich sind 3,5 bis 4 Liter Pilzbrut ungefähr zwei Kilogramm schwer.

Wie auch bei Tomaten oder anderen Gemüsesorten, gibt es auch bei Pilzen verschiedene Zuchtstämme innerhalb einer Pilzart. Diese sind für unterschiedliche Temperaturen oder Fruchtungsmethoden besser oder weniger gut geeignet. Von Shiitake-Pilzen beispielsweise werden von einigen Pilzbrut-Herstellern mehr als fünf verschiedene Sorten angeboten. Andere wiederum entscheiden sich für einen bestimmten Zuchtstamm, mit dem sie gute Erfahrungen gemacht haben. Die Hersteller geben die idealen Zuchtbedingungen für den jeweiligen Zuchtstamm an.

Körnerbrut und Sägespanbrut können grundsätzlich für die dieselben Methoden verwendet werden, weisen jedoch kleine Unterschiede in der Handhabung auf. Dübelbrut ist am besten geeignet für das Beimpfen von Holzstämmen, kann mit gewissen Einschränkungen jedoch auch für alle anderen Methoden verwendet werden.

INFO

Viele Hersteller von Pilzbrut geben ein Mindesthaltbarkeitsdatum an. Wie auch bei Lebensmitteln bedeutet ein abgelaufenes Haltbarkeitsdatum nicht unbedingt, dass die Brut entsorgt werden muss. In vielen Fällen kann sie auch mehrere Monate nach Ablauf der Haltbarkeit noch verwendet werden. Je nach Alter der Pilzbrut verhält sich das Pilzmyzel anders. Die erste Phase des Abbaus ist daran zu erkennen, dass das Myzel eine gelbe oder farblose Flüssigkeit bildet. In diesem Stadium kann die Brut noch verwendet werden. Einige Zeit später setzt die sogenannte Autolyse oder Selbstauflösung ein. Die einzelnen Zellen des Myzels beginnen sich voneinander zu lösen. Die Pilzbrut wird weich und zerfällt wieder in die einzelnen Getreidekörner oder Sägespäne. In dieser Phase sollte sie nicht mehr verwendet werden.

So werden Waldpilze kultiviert

Diese Arbeitsschritte werden meist von einem darauf spezialisierten Labor ausgeführt. Wenn Sie längere Erfahrung in der Pilzzucht haben und mit steriler Arbeitsweise vertraut sind, können Sie Pilze auch in den eigenen vier Wänden nach dieser Methode klonen.

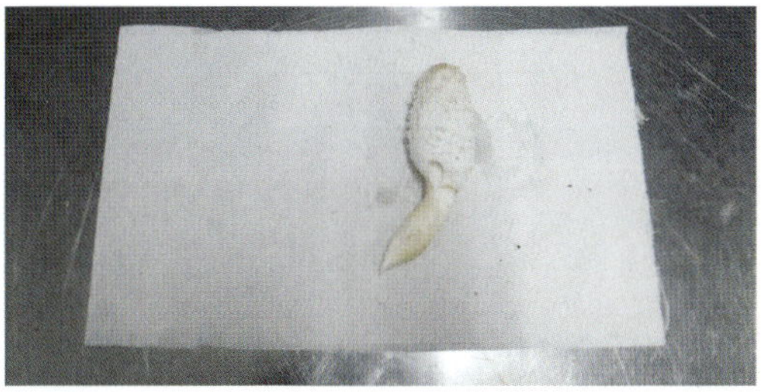

1. Der Pilz wird in den Arbeitsbereich gelegt und von außen mit Alkohol desinfiziert. Foto: SR

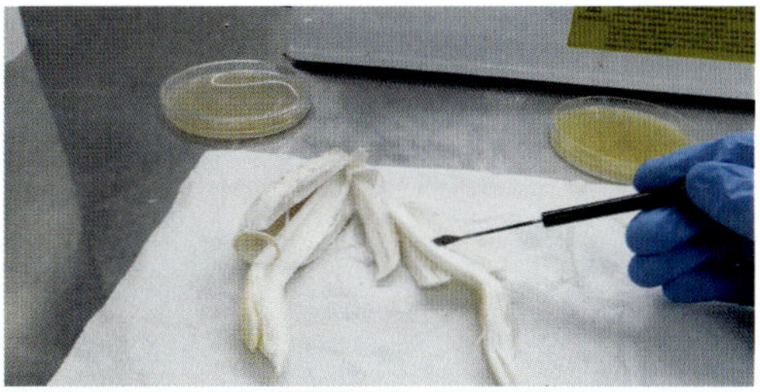

2. Der Pilz wird in zwei Hälften zerteilt. Mit einem Skalpell wird ein kleines Stück aus der Mitte des Pilzstamms geschnitten. Foto: SR

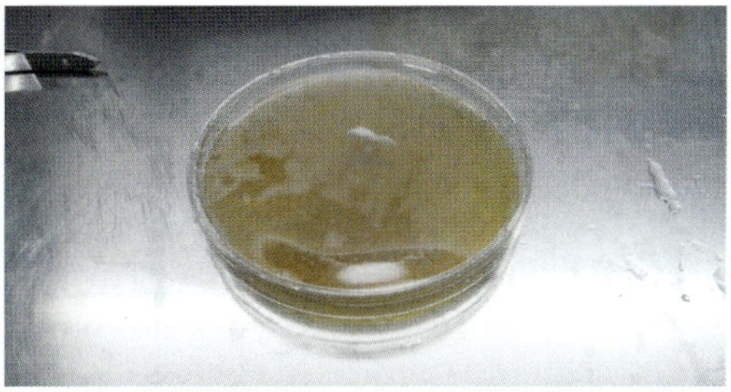

3. Dieses Stück wird in eine Petrischale mit einer Agar-Nährlösung gelegt, die vom Myzel besiedelt wird. Foto: SR

4. Nach ein bis zwei Wochen ist die Petrischale vom Pilz besiedelt. Aus dieser Kultur wird ein Stück herausgeschnitten und meist mit sterilisiertem Getreide vermischt. Dieses wird in weiterer Folge zum Beimpfen von weiterer Pilzbrut oder Substraten verwendet. Foto: SR

Körnerbrut

Körnerbrut ist Pilzmyzel kultiviert auf Getreidekörnern. Für die Herstellung werden verschiedenste Getreidesorten wie Roggen, Hirse, Weizen oder Gerste verwendet. Da im Getreide sehr viele Nährstoffe vorhanden sind, kann das Myzel schnell wachsen. Dadurch ist auch der Brutverbrauch etwas geringer als bei anderen Brutarten.

Körnerbrut oder Getreidebrut ist die meistverwendete Art von Pilzbrut in Europa. In anderen Teilen der Erde, vor allem in Asien, wird eher Sägespanbrut verwendet. Körnerbrut sollte ungekühlt innerhalb von zwei Wochen verbraucht werden. Im Kühlschrank kann Sie je nach Pilzart drei bis vier Monate gelagert werden.

INFO

So schnell wächst Myzel

Hersteller von Pilzbrut verwenden eine Petrischale um etwa 10 kg Körnerbrut zu beimpfen. Mit diesen 10 kg Körnerbrut werden wiederum 200 kg Körnerbrut beimpft. Mit 200 kg Körnerbrut beimpft ein Pilzzüchter 6.000 kg Substrat (z. B. Sägespäne oder Stroh). Aus diesen 6.000 kg Substrat wachsen je nach Pilzart etwa 1.500 kg Frischpilze. So werden aus einer Petrischale innerhalb von zwei Monaten 1,5 Tonnen frische Pilze.

Körnerbrut Foto: SR

Sägespanbrut Foto: SR

Dübelbrut Foto: SR

Sägespanbrut

Sägespanbrut ist Pilzmyzel, das auf Laubholz-Sägespänen gewachsen ist. Da die Holzspäne eine geringere Nährstoffkonzentration aufweisen, wächst das Myzel langsamer als auf Getreidekörnern, ist aber auch länger haltbar. In Gebieten der Erde, wo eine gekühlte Lagerung der Pilzbrut nicht möglich ist, wird deshalb bevorzugt Sägespanbrut verwendet. Sägespanbrut ist ungekühlt bis zu sechs Monate und gekühlt bis zu zwölf Monate haltbar.

Dübelbrut

Für die Herstellung von Dübelbrut wird das Pilzmyzel auf abgekochten oder sterilisierten Holzdübeln gezüchtet. Dübelbrut eignet sich ideal zum Beimpfen von Baumstämmen mit minimalem Werkzeugeinsatz. Sie ist deshalb sehr gut für Anfänger geeignet. Dübelbrut kann grundsätzlich auch für alle anderen in diesem Buch beschriebenen Methoden eingesetzt werden. Da die Dübel nicht so einfach gleichmäßig im Substrat vermischt werden können als andere Brutarten, ist sie für andere Einsatzzwecke jedoch nur bedingt zu empfehlen. Oft werden Holzdübel mit einem Durchmesser von 8 mm und einer Länge von 30–40 mm verwendet. Dübelbrut ist je nach Pilzart sechs bis zwölf Monate im Kühlschrank haltbar.

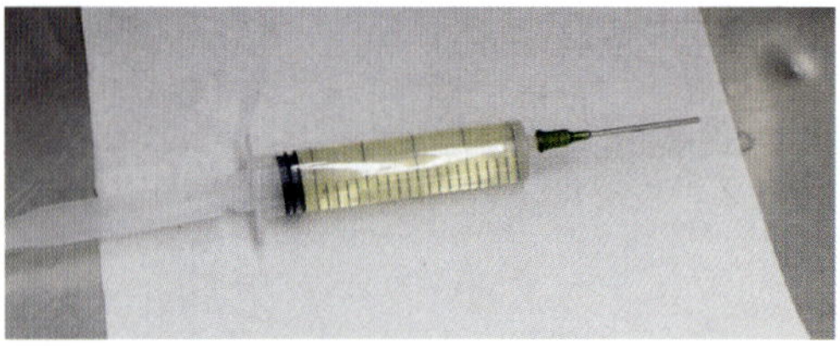

Flüssigmyzel Foto: SR

Flüssigmyzel

Unter Flüssigmyzel versteht man Pilzmyzel-Fragmente, die in sterilem Wasser schweben. Flüssigmyzel ist in Spritzen erhältlich und kann für die Beimpfung von vorsterilisiertem Pilzsubstrat oder Pilzbrut verwendet werden. Für alle anderen vorgestellten Methoden ist es nicht geeignet. Flüssigmyzel ist je nach Pilzart sechs bis zwölf Monate im Kühlschrank haltbar.

Sporenspritze

Eine Sporenspritze beinhaltet in sterilem Wasser schwebende Pilzsporen. Sobald diese Sporen auf ein geeignetes Substrat treffen, beginnen sie zu keimen und bilden ein Pilzmyzel aus. Sporenspritzen können ähnlich wie auch Flüssigmyzel zum Beimpfen von vorsterilisiertem Pilzsubstrat oder Pilzbrut verwendet werden. Für alle anderen vorgestellten Methoden sind Sporenspritzen nicht geeignet.

WACHSTUMSBEDINGUNGEN

In der folgenden Tabelle finden Sie die Wachstumsparameter für alle in diesem Buch vorgestellten Pilzarten.

Pilzart		Austernseitling	Sommer-Austernseitling	Zitronenseitling	Rosenseitling	Kräuterseitling
Lateinische Bezeichnung		*Pleurotus ostreatus*	*Pleurotus pulmonarius*	*Pleurotus citrinopileatus*	*Pleurotus djamor*	*Pleurotus eryngii*
Substrat		Stroh, Laubholz, Kaffeesatz	Stroh, Laubholz, Kaffeesatz	Stroh, Laubholz, Kaffeesatz	Stroh, Laubholz, Kaffeesatz	Stroh, Laubholz
Durchwachsphase	Temperatur	20–24 °C	20–24°C	20–24°C	20–24°C	20–24 °C
	Dauer	14–22 Tage	14–22 Tage	14–22 Tage	14–22 Tage	10–15 Tage
Fruchtungseinleitung	Temperatur	6–15 °C	15–20 °C	16–25 °C	18–27 °C	10–15 °C
	Luftfeuchte	90–95 %	90–95 %	90–95 %	>85 %	95–97 %
Fruchtungsbedingungen	Temperatur	5–20 °C	11–28 °C	16–25 °C	18–27 °C	15–21 °C
	Luftfeuchte	über 85 %	über 85 %	über 85 %	über 85 %	85–90 %
Erntewellen	Anzahl	2–4	2–3	2–4	3–5	2
	Intervall	1–2 Wochen	1–2 Wochen	1–2 Wochen	14–16 Tage	1–2 Wochen

Pilzart		Riesenträuschling	Shiitake	Igelstachelbart	Reishi	Goldkäppchen (Nameko)
Lateinische Bezeichnung		*Stropharia rugosoannulata*	*Lentinula edodes*	*Hericium erinaceus*	*Ganoderma lucidum*	*Pholiota nameko*
Substrat		Stroh, Laubholz	Laubholz	Laubholz	Laubholz	Laubholz
Durchwachsphase	Temperatur	20–24 °C	20–24 °C	20–24 °C	20–24 °C	20–24 °C
	Dauer	30–60 Tage	60–100 Tage	20–30 Tage	20–30 Tage	20 Tage
Fruchtungseinleitung	Temperatur	18–24 °C	10–16 °C	10–16 °C	14–24 °C	12–16 °C
	Luftfeuchte	90–95 %	90–95 %	über 90 %	über 90 %	über 95 %
Fruchtungsbedingungen	Temperatur	16–21 °C	10–25 °C	18–25 °C	14–27 °C	12–16 °C
	Luftfeuchte	85–95 %	über 85 %	über 90 %	über 85 %	über 95 %
Erntewellen	Anzahl	2	2–4	bis zu 4	bis zu 3	bis zu 3
	Intervall	ca. 14 Tage	20–30 Tage	14–20 Tage	6–12 Monate	14 Tage

Pilzart		Schopftintling	Champignon	Judasohr	Pioppino/ Südlicher Ackerling
Lateinische Bezeichnung		*Coprinus comatus*	*Agaricus bisporus*	*Auricularia*	*Cyclocybe cylindracea*
Substrat		Kompost, Mist	Kompost, Mist	Laubholz	Laubholz
Durchwachsphase	Temperatur	20–24 °C	22–27 °C	20–24 °C	20–24 °C
	Dauer	12–14 Tage	12–14 Tage	25–30 Tage	15–17 Tage
Fruchtungseinleitung	Temperatur	16–24 °C	14–17 °C	12–20 °C	18–24 °C
	Luftfeuchte	80–90 %	92–99 %	90–95 %	90–95 %
Fruchtungsbedingungen	Temperatur	10–24 °C	14–17 °C	16–30 °C	18–28°C
	Luftfeuchte	80–90 %	92–99 %	85–90 %	85–90 %
Erntewellen	Anzahl	2–3	2–6	3–4	2–3
	Intervall	4–10 Tage	keines	20–30 Tage	ca. 14 Tage

Pilzart		Klapperschwamm	Buchenrasling (Shimeji)	Schmetterlingstramete	Samtfußrübling
Lateinische Bezeichnung		*Grifola frondosa*	*Hypsizigus tessulatus*	*Trametes Versicolor*	*Flammulina velutipes*
Substrat		Laubholz	Laubholz	Laubholz	Laubholz
Durchwachsphase	Temperatur	20–24 °C	20–24 °C	20–24 °C	20–24 °C
	Dauer	25–30 Tage	25–30 Tage	25–30 Tage	14–20 Tage
Fruchtungseinleitung	Temperatur	18–22 °C	12–16 °C	6–15 °C	4–10 °C
	Luftfeuchte	98–99 %	98–99 %	90–95 %	90–95 %
Fruchtungsbedingungen	Temperatur	16–20 °C	12–16 °C	5–20 °C	10–16 °C
	Luftfeuchte	95–99 %	90–95 %	über 85 %	90–95 %
Erntewellen	Anzahl	1	1	2–3	2
	Intervall	keines	keines	14–28 Tage	ca. 14 Tage

Übersicht über die Wachstumsbedingungen

Für die Pilzzucht im Garten können die Werte für die Durchwachstemperaturen und -dauer von den angegebenen Werten abweichen. Die Werte für die Durchwachsphase beziehen sich auf die idealen Methoden in Innenräumen, bei der Zucht im Freien können hier die Temperaturen abweichen. Die Pilze fruchten im Freien, wenn die angegebenen klimatischen Bedingungen für die Fruchtungseinleitung und Fruchtungsbedingungen herrschen.

Durchwachsphase

Das Myzel breitet sich in den Tagen und Wochen von der Pilzbrut weg über das ganze Substrat aus. Von jedem Brutpartikel wächst das Myzel kreisförmig nach außen.

In der Durchwachsphase sollten grundsätzlich die gleichen Bedingungen herrschen wie im Sommer unter der Erde. Das Myzel breitet sich in dieser Phase im Waldboden aus und sammelt Kraft, um später die Fruchtkörper wachsen lassen zu können. Die idealen Bedingungen sind also eine warme, feuchte Umgebung und ein hoher Kohlenstoffdioxidgehalt der Luft.

Die angegebenen Durchwachstemperaturen sind die Idealwerte, bei denen das Myzelwachstum am schnellsten vor sich geht. Das Myzel aller vorgestellten Arten wächst auch bei geringeren Temperaturen durch, der Prozess dauert aber entsprechend länger. Bei 10 °C dauert das Durchwachsen etwa doppelt so lange wie bei 20 °C. Bei zu hohen Temperaturen (je nach Pilzart mehr als 25–30 °C) verlangsamen die Pilze ihr Wachstum oder stellen es ganz ein. Da das Myzel beim Besiedeln und dem Abbau des Substrats eine große Menge an Wärme erzeugt, können im Substrat 5–10 °C höhere Temperaturen herrschen als im Raum, in dem sich die Kultur befindet. Wenn die Temperaturen im Inneren des Substrats auf eine Temperatur über 35 °C ansteigen, kann sich das Myzel selbst zerstören.

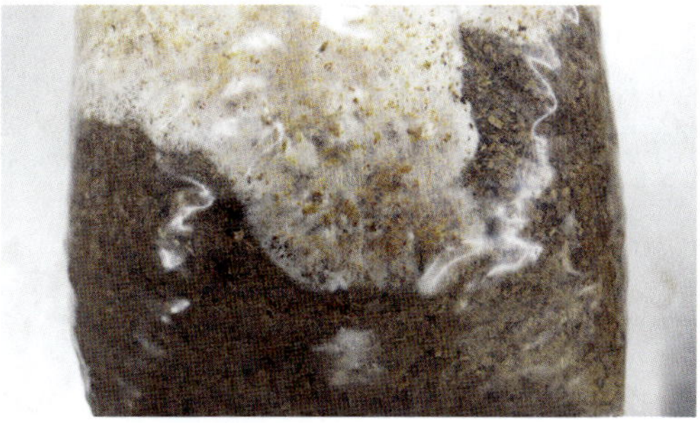

Myzelwachstum Foto: LR

Unter geeigneten Bedingungen bildet das Myzel stecknadelkopfgroße Minipilze (pinheads) aus, aus denen sich die Fruchtkörper entwickeln. Foto: MF

Fruchtungseinleitung

Um die Fruchtung (die Fortpflanzung) einzuleiten, muss das Myzel der meisten Pilzarten einer Stresssituation ausgesetzt werden. In der Natur oder auch im Garten ist diese Stresssituation bei vielen Pilzarten der Beginn des Herbstes. Durch einen schnellen Temperatursturz in Verbindung mit feuchtem Wetter wird das Wachstum der Pilze ausgelöst. Ganz besonders gute Waldpilz-Jahre gibt es oft, wenn es vor dem Temperatursturz mehrere Wochen trockenes Wetter gab. Auch in der professionellen Pilzzucht wird die Fruchtung üblicherweise durch einen Kälteschock eingeleitet. Bei manchen Pilzarten, wie dem Austernseitling, kann die erste Fruchtung auch dadurch ausgelöst werden, dass der Pilz keinen Platz mehr zum Weiterwachsen hat. Deshalb lässt er Fruchtkörper wachsen, um sich sofort über eine andere Methode, die Sporen weiter zu vermehren.

Morcheln besitzen eine besondere zusätzliche Methode der Fruchtungseinleitung: Sie wachsen in der Natur oft nach Waldbränden. Bei der Pilzzucht in Behältnissen erfolgt bei vielen Pilzarten die Fruchtungseinleitung, indem man das durchwachsene Behältnis für ein bis zwei Tage im Kühlschrank aufbewahrt.

Fruchtung

Der Pilz erkennt in den meisten Fällen selbstständig die Stellen, an denen frischer Sauerstoff und Licht zu ihm durchdringen und wächst durch diese hinaus. Bei den Methoden im Garten, sucht sich das Myzel selbstständig den Weg durch das Substrat oder die Rinde nach außen.

Daran, wie die Pilze wachsen, können Sie sehr genau ablesen, ob die Bedingungen im Raum oder der Fruchtungskammer passen.

Licht

Pilze führen zwar keine Photosynthese durch, die meisten von ihnen benötigen aber trotzdem ausreichend Licht zum Wachsen. Von den vorgestellten Pilzen wächst nur der Champignon ganz ohne Licht. Die anderen Pilzarten beginnen zwar auch ohne Licht zu wachsen, sie bilden jedoch keinen schönen Fruchtkörper aus. Das Licht dient ihnen zur Orientierung, in welche Richtung sie wachsen und wie sie den Pilzhut ausbilden sollen. Die Lichtfarbe und -stärke beeinflussen außerdem die Farbe des Pilzhutes. Bei wenig Licht werden die Pilze heller, bei mehr Licht werden sie dunkler. Die Farbe von Austernseitlingen, die sonst unter den genau gleichen Bedingungen angesetzt werden, kann von weiß über grau bis hin zu dunkelbraun reichen. Die Farbe des Pilzhutes hängt zusätzlich von der Temperatur und der Menge an Frischluft im Raum ab. Wenn die Pilze korallenartig nach oben wachsen, ist das ein Zeichen von zu wenig Licht.

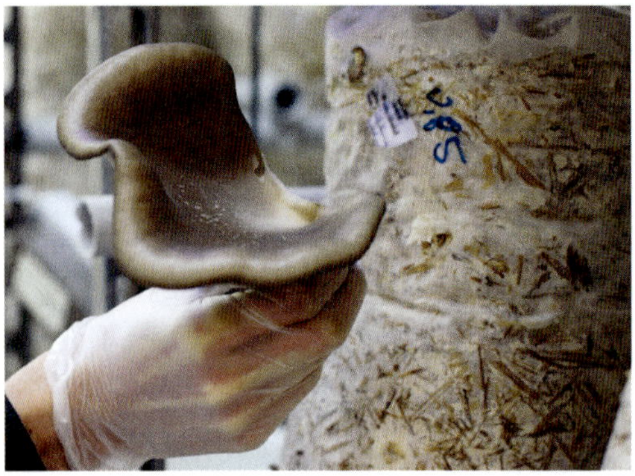

Austernseitlinge sollen durch Herunterdrehen geerntet werden. Foto: SR

Als Richtwert an dem man sich orientieren kann, sollte es im Raum, in dem die Pilze wachsen, etwa acht Stunden pro Tag hell genug sein, um eine Zeitung zu lesen. Im Freien sollten die Pilze an einem schattigen Platz ohne direktes Sonnenlicht wachsen.

Luft

Vor allem Austernseitlinge benötigen sehr viel Frischluft für ihr Wachstum. Wenn größere Mengen an Pilzen in einem Raum gezüchtet werden, sollte zumindest täglich mehrere Male durchgelüftet werden. Wenn die Pilze lange Stiele ausbilden, ist meist der Sauerstoffgehalt im Fruchtungsraum zu gering. Der Pilz „sucht" sozusagen nach einer Stelle im Raum, an der mehr Frischluft verfügbar ist und bildet dabei einen großen Stamm aus. Austernseitlinge sollen einen möglichst schönen Hut und möglichst wenig Stamm ausbilden. Einen großen Hut erhält man durch viel Frischluft bzw. einen hohen Sauerstoffanteil. Im Gegensatz zu Austernseitlingen sollen Kräuterseitlinge vor allem dicke Stiele haben. Daher werden diese nur mit wenig Frischluft gezüchtet.

Ernte

Sobald sich der Pilzhut leicht nach oben wölbt, sind die Pilze reif für die Ernte. Eine frühere Ernte führt zu niedrigeren Erträgen, die Pilze haben dafür aber eine festere Konsistenz, längere Haltbarkeit und eine höhere Konzentration an Inhaltsstoffen. Eine zu späte Ernte (der Pilzhut ist komplett nach oben gewölbt) führt zu Pilzen mit geringerer Bissfestigkeit und einer stark verminderten Haltbarkeit. Vor allem in den wärmeren Monaten ist der perfekte Erntezeitpunkt oft nicht einfach zu erwischen.

Austernseitlinge neigen dazu, „Trauben“ mit 3–20 Pilzen zu bilden. Diese Trauben sollten bei der Ernte durch „Herausdrehen“ vom Fruchtungssack abgenommen werden. Es sollte auch immer etwas vom Substrat „mitgeerntet“ werden. Wenn Pilzgewebe am Fruchtungssack verbleibt, stirbt dieses ab und bildet eine Stelle für Schimmelbefall. Außerdem kann an dieser Stelle während der nächsten Welle kein weiterer Pilz fruchten.

Shiitake, Kräuterseitlinge und alle weiteren in diesem Buch vorgestellten Pilzarten können durch Abschneiden oder Abdrehen geerntet werden.

HYGIENE

Eine Schwierigkeit in der Pilzzucht besteht darin, dass sich das vorbereitete Substrat nicht nur für die geplante Pilzart hervorragend eignet. Es stellt auch für einen großen Teil der in der Luft herumschwirrenden oder auf Oberflächen befindlichen Mikroorganismen und Pilzsporen den perfekten Nährboden dar. Sogar reine Wüstenluft enthält etwa 3,8 Millionen Partikel pro Kubikmeter. In Großstädten können diese Werte um das Zehnfache ansteigen. Schon ein Raucher kann den Wert an Mikropartikeln in der Luft in einem Raum um das Hundertfache erhöhen. Auch auf Oberflächen befinden sich viele Mikrolebewesen. Auf einem einzelnen Getreidekorn können sich über 100.000 Bakterien und 25.000 Arten von mikroskopisch kleinen Pilzen befinden.

Nicht alle dieser Mikroorganismen stellen in der Pilzzucht eine Konkurrenz dar. Viele davon sind sogar förderlich für das Myzelwachstum. Doch grundsätzlich gilt: Je weniger Mikroorganismen im Substrat und in der Luft sind, desto leichter fällt es dem Myzel, das Substrat zu besiedeln.

Meistens siedeln sich Mikroorganismen über die Luft, durch Berührung von Menschen oder Gegenständen an oder sie sind bereits im Substrat vorhanden. Normalerweise trifft eine Kombination aus diesen Gegebenheiten zu.

Wir atmen täglich über eine Million Mikrobenzellen ein und aus. Der menschliche Körper hat verschiedene Abwehrmechanismen, um zu verhindern, dass sich Mikroben in ihm einnisten.

Genauso muss auch das Pilzsubstrat davor geschützt werden, dass sich zu viele ungewollte Mikroorganismen ansiedeln können.

Bei den in diesem Buch vorgestellten Methoden geht es vor allem darum, dass wir dem gewünschten Pilz ein Zeitfenster schaffen, dass groß genug ist, damit er das Substrat besiedeln kann. Sobald das Substrat besiedelt ist, verteidigt das Myzel sein Territorium gegen Eindringlinge. Mikroorganismen oder Kontaminationen, die sich über Berührung im Substrat ansiedeln, können sehr viel schneller wachsen als jene die sich aus der Luft ansiedeln. Am wichtigsten ist es, die Kontamination durch Berührung zu vermeiden. Die mögliche Kontamination aus der Luft kann in der Hobbypilzzucht vernachlässigt werden. Auf diese muss erst bei den fortgeschrittenen Methoden geachtet werden.

Grundsätzlich ist es wichtig, alle Gegenstände, Körperteile und Behälter, mit denen das Substrat oder die Pilzbrut in Berührung kommen, zu säubern und zu desinfizieren. Darunter fallen auch die Hände des Pilzzüchters.

INFO

Es ist nicht unbedingt notwendig Einweghandschuhe beim Beimpfen des Pilzsubstrats zu tragen. Auch in Laboren wird mit sauber gewaschenen und desinfizierten Händen oft sauberer gearbeitet als mit Einweghandschuhen. Der Grund dafür ist, dass sich auf den Händen ein Fettfilm befindet, der Kontaminationen quasi „gefangen hält". Einweghandschuhe dagegen nehmen Kontaminationen von einer Oberfläche auf und tragen diese weiter, sobald andere Gegenstände oder Oberflächen berührt werden.

Zum Waschen der Hände eignet sich eine gewöhnliche Haushaltsseife. Als Desinfektionsmittel können 70–80 %-iger Alkohol (Ethanol oder Isopropanol bzw. Reinigungsalkohol) verwendet werden. Für Oberflächen funktionieren Haushalts-Chlorreiniger sehr gut. Bei der Pilzzucht im Garten können die Hygienetipps lockerer gehandhabt werden. Hier sollten Sie einfach auf saubere Hände achten. Konkurrierende Pilzsporen sind an der Frischluft ein geringeres Problem als unter Raumluftbedingungen.

UMGANG MIT KONTAMINATIONEN

Kontaminationen können bei Pilzzuchtmethoden in Behältnissen zum Problem werden. Hier werden vor allem verschiedene Arten von Schimmelpilzen zum Verhängnis.

Das Pilzmyzel bzw. auch der Pilzkörper haben sehr gute Abwehrmechanismen, um sich gegen Schimmelsporen zu verteidigen. Auch wenn ein Teil des Substrats von einem Schimmelpilz besiedelt ist – das ist zu erkennen an farbigen Flecken oder Bereichen im Substrat – ist das nur insofern ein Problem, als dass der Zuchtpilz keinen Zugriff mehr auf die Nährstoffe im vom Schimmel befallenen Substrat hat. Der Schimmelpilz und der Zuchtpilz können sich jedoch nicht vermischen. Es kann sich unter normalen Umständen auch kein Schimmel auf frischen Pilzen ansiedeln. Auf alten, bereits vertrockneten oder verfaulten Pilzen kann sich durchaus Schimmel bilden – diese sind aber nicht mehr für den Verzehr geeignet.

Mit Grünschimmel kontaminierter Sack Foto: SR

SICHERHEITSHINWEISE

Genauso wie beim Sammeln von Pilzen, müssen auch in der Pilzzucht verschiedene Sicherheitshinweise beachtet werden.

Pilze sicher identifizieren

Pilze, die im Garten gezüchtet werden, müssen eindeutig identifiziert werden. Unter Umständen können sich in Pilzbeeten oder auch auf Baumstämmen Fremdpilze ansiedeln, die auch giftig sein können. Zur eindeutigen Identifikation können Sie in einem Pilzführer nachschlagen oder jemanden aus dem Bekanntenkreis, der sich gut mit der Thematik auskennt, zu Rate ziehen. Außerdem gibt es in vielen deutschsprachigen Städten Pilz-Beratungsstellen. Dort können Sie die geernteten Pilze gemeinsam mit einem Experten begutachten. Ein sehr wichtiges Erkennungsmerkmal von Pilzen ist auch die Sporenfarbe. Diese können Sie mit einem Sporenabdruck feststellen.

Alte oder verfaulte Pilze nicht essen

Sobald sich der Pilzhut nach oben wölbt, sind die Pilze ausgewachsen und sollten geerntet und verkocht oder haltbar gemacht werden. Pilze, die unangenehm riechen oder bereits zerfallen, sollten nicht mehr gegessen werden. Der Verzehr solcher Pilze kann zu einer sogenannten „falschen Pilzvergiftung“ führen. Alte Pilze können gut identifiziert werden, indem man den Stiel zusammendrückt. Wenn sich dieser ohne Kraftaufwand zusammendrücken lässt, ist der Pilz schon älter und sollte stehengelassen werden.

Der Schwefelporling (engl. chicken of the woods) wird noch nicht kommerziell gezüchtet. Der Geschmack von jungen, frischen Exemplaren ist mit Hühnerfleisch vergleichbar. Foto: LR

Richtiger Umgang mit Pilzsporen

Sobald ein Pilz ausgewachsen ist, gibt er über den Pilzhut Sporen ab. Je nach Pilzart können das relativ große Mengen an Sporen sein. Größere Mengen an Pilzen sollten daher nicht in kleinen, schlecht durchlüfteten Räumen, in denen man sich mehrere Stunden am Tag aufhält, gezüchtet werden. Schlafzimmer sind zum Beispiel kein geeigneter Raum für eine Pilzzucht. Außerdem sollten Allergiker und Personen mit Atemwegserkrankungen bei kleinen Anzeichen von Unwohlsein mögliche Pilzzuchtexperimente in der Wohnung abbrechen oder ins Freie verlegen.

Arbeitssicherheit beachten

Bei der Vorbereitung von Pilzstämmen sollten Sie die Sicherheitsvorschriften zur Arbeit mit der Motorsäge beachten und die entsprechende Schutzkleidung (Schnittschutzhose, Helm mit Gehörschutz und Visier, Handschuhe, festes Schuhwerk) tragen.

PILZZUCHT IM GARTEN

HOLZSTÄMME

Die Pilzzucht auf Baumstämmen ist die weltweit älteste Methode zur Zucht von Speisepilzen.

Auf Baumstämmen gewachsene Shiitake-Pilze weisen eine höhere Qualität auf als handelsübliche Pilze, die in Innenräumen gezüchtet werden, und erzielen in Asien auch höhere Preise. Die schönsten Pilze werden dort sogar während des Wachstums mit einem Beutel „überdeckt", um sie vor Insekten zu schützen. Aktuell werden in Japan etwa 35 % der gehandelten Shiitake-Pilze mit der Baumstamm-Methode gezüchtet.

Der große Vorteil liegt darin, dass es sich um eine kostengünstige Anbaumethode im Einklang mit den Jahreszeiten handelt. Es werden weder Gebäude noch zusätzliche Energie benötigt. Gleichzeitig wachsen die Pilze jedoch nur zu der Jahreszeit, in der jeweils das für die jeweilige Pilzart passende Klima herrscht. Die Beimpfung von Holzstämmen lässt sich außerdem mit Werkzeug durchführen, das in jeder Garage zu finden ist.

Pilzstämme fruchten Foto: LR

Vorbereitung

Bevor Sie loslegen, sollten Sie einige Fragen klären. Passt die gewählte Methode zum gewünschten Pilz? Welcher Stamm ist der richtige? Wann ist der optimale Zeitpunkt zum Beimpfen?

Für welche Pilze eignet sich diese Methode?

Die Methode eignet sich für alle holzzersetzenden Pilzarten, wie etwa Austernseitling, Sommer-Austernseitling, Zitronenseitling, Rosenseitling, Shiitake, Igelstachelbart, Glänzender Lackporling, Goldkäppchen, Judasohr, Pioppino, Klapperschwamm (Maitake), Buchenrasling, Schmetterlingstramete und Samtfußrübling.

Bei Shiitake-Pilzen sollten Sie einen Zuchtstamm mit einer weiten Temperaturspanne verwenden. So können die Pilze bei möglichst unterschiedlichen Wetterverhältnissen fruchten. Hersteller von Pilzbrut verwenden üblicherweise Zuchtstämme, die sich gut für die jeweilige Methode eignen. Bei Bedarf können Sie sich auch beim Hersteller erkundigen.

Die Größe der Baumstämme

In der Natur können Pilze an Bäumen beliebiger Größe und Form wachsen, wobei sie bevorzugt an alten und oft besonders dicken Bäumen anzutreffen sind. Vom dünnen Zweig über dickere Äste bis hin zum Baumstumpf kann das Pilzmyzel jeden holzigen Teil eines Baumes besiedeln. Dünnere Holzstücke werden schneller durchwachsen. Es kann also etwas früher mit den ersten Pilzen gerechnet werden. Dafür sind die Nährstoffe schneller aufgebraucht und Sie müssen genauer darauf achten, dass das Holz nicht austrocknet. Dickere Baumstämme werden langsamer durchwachsen, halten jedoch die Feuchtigkeit besser im Holz. Das hat den Vorteil, dass die ersten Pilze erst später fruchten, dafür können Sie mehrere Erntewellen erwarten.

Das Pilzmyzel fühlt sich vor allem in der nährstoffreicheren, äußeren Schicht des Holzes, dem sogenannten Splintholz, wohl. Das Holz im Inneren des Stammes – das Kernholz – ist für das Myzel schwieriger zu besiedeln. Junge Baumstämme weisen einen besonders hohen Splintholzanteil auf und sind daher für die Pilzzucht ideal.

In der Praxis gibt es bestimmte Größen, die bevorzugt verwendet werden. Für die Dübel- und die Schnittimpfmethode eignen sich Baumstämme mit einer Länge von etwa einem Meter und einem Durchmesser von 10–25 Zentimeter sehr gut. Die Stämme können mit diesen Abmessungen noch leicht bewegt werden und der Pilz kann Stämme dieser Dicke je nach Holzart in einer Zeit von bis zu zwei Jahren durchwachsen. Sie können mit diesen Methoden auch größere Stämme beimpfen. Dabei sollten Sie jedoch berücksichtigen, dass Sie die Stämme je nach Standort und Methode möglicherweise öfter bewegen müssen. Sie müssen nicht unbedingt einen ganzen Baum fällen, um für die Pilzzucht geeignete Holzstämme zu erhalten. Es genügt, einen dicken Ast abzuschneiden und zu beimpfen.

Der richtige Zeitpunkt zum Schneiden des Holzes

Die Pilzzucht auf Holzstämmen funktioniert grundsätzlich auch mit Baumstämmen, die zu anderen Zeiten im Jahresverlauf geerntet werden. Es gibt jedoch zwei ideale Erntezeitpunkte für das Holz. Der erste ist Anfang Herbst, sobald sich sie Blätter verfärben. Der zweite ist am Übergang zwischen Frühling und Winter, kurz bevor die Blätter zu wachsen beginnen. Während diesen Zeiten transportiert der Baum große Mengen an zuckerhaltigen Nährstoffen durch den Baumstamm zur Krone oder von der Krone zurück zu den Wurzeln. Außerdem liegt zu diesen Zeiten die Rinde besonders eng am Baumstamm an und wird dadurch beim Ernten und späteren Beimpfen nicht so leicht beschädigt. Umso nährstoffreicher der Baumstamm, desto besser und stabiler kann sich das Pilzmyzel ausbilden. Das führt in weiterer Folge zu größeren Ernten und Sie erhalten einen langlebigeren Pilzstamm. Der nächstbeste Erntezeitpunkt ist im Winter. Baumstämme, die im Sommer geerntet werden, haben tendenziell einen etwas geringeren Ertrag.

Hinsichtlich der optimalen Wartezeit bis zum Beimpfen der Stämme gibt es bei den Praktikern zwei unterschiedliche Ansichten. Einige Pilzzüchter schwören darauf, dass die Baumstämme nicht älter als ein bis zwei Wochen sein sollten, da sich bei längerer Liegezeit bereits andere Pilze aus dem Boden oder der Luft über Sporen angesiedelt haben könnten. Geschnittenes Holz trocknet außerdem relativ schnell aus – die Pilze benötigen jedoch einen möglichst hohen Holzfeuchtegehalt. Wir Autoren haben damit bisher sehr gute Erfahrungen gemacht. Andere Pilzzüchter dagegen lassen das Holz

Bei diesem vier Monate alten Stamm ist die Besiedelung von Fremdpilzen deutlich an der Schnittstelle zu sehen. Foto: SR

Zum Durchwachsen gestapelte Stämme Foto: SR

gerne bis zu zwei Monate liegen. Gerbstoffe, die sich im Holz befinden und das Pilzwachstum beeinflussen können, werden so natürlich abgebaut. Vor allem Eichen und Eschen enthalten größere Mengen an Gerbsäure.

In den Tagen und Wochen vor dem Beimpfen werden die Baumstämme an einem schattigen, windgeschützten Ort, knapp über dem Boden, gelagert. Sie sollten nicht direkt am Boden aufliegen, weil sonst wiederum die Gefahr besteht, dass Pilzmyzel aus dem Boden in den Stamm wächst. Als idealer Lagerplatz bietet sich hier der Wald, die sonnenabgewandte Seite des Familienhauses oder ein schattiger Platz im Garten unter einer Hecke an. Sollte keine windgeschützte Stelle zur Verfügung stehen, können die Stämme mit einer Plane abgedeckt werden.

INFO

In kälteren Lagen oder bei langen Wintern können die Stämme auch mehrere Monate bis zum Beimpfen gelagert werden. Solange der Frost anhält, können Sie die Stämme auch im Freien lagern. In schneereichen Wintern können Sie die Baumstämme zur Konservierung auch im Schnee vergraben.

Die richtige Holzart

Die in diesem Buch besprochenen Pilzarten wachsen ausschließlich auf Laubholz. Das im Nadelholz enthaltene Harz wirkt als natürliches Fungizid und behindert das Myzel beim Besiedeln des Holzes. Es gibt viele Pilzarten, die auch erfolgreich auf Nadelholz wachsen, diese werden aber aktuell nur selten gezüchtet.

Nadelbäume verteidigen sich mit ihrem Harz gegen Pilze. Foto: SR

Auch unter den Laubhölzern gibt es Holzarten, die sich besser eignen als andere. Grundsätzlich gilt, je härter die Holzart, desto länger benötigt das Myzel zum Besiedeln des Holzes. Je weicher, desto schneller wird das Holz durchwachsen und desto eher beginnen die ersten Pilze zu fruchten. Gleichzeitig kann aber von weicheren Hölzern weniger oft und weniger lange geerntet werden als von härteren.

INFO

Verwenden Sie nur frische und gesunde Bäume. Kranke, verrottete oder sehr alte Bäume sind meistens bereits von anderen Pilzen besiedelt. Die bereits etablierten Pilze verteidigen ihr Territorium gegen jeden Neuankömmling und haben oft die im Holz verfügbaren Nährstoffe bereits aufgebraucht.

Name	Lateinische Bezeichnung	Härte
Ahorn	*Acer spp.*	hart
Birke	*Betula*	ziemlich hart
Buche	*Fagus sylvatica*	sehr hart
Eiche	*Quercus*	sehr hart
Erle	*Alnus glutinosa*	weich
Kastanie	*Castanea*	weich
Linde	*Tilia spp.*	weich
Pappel	*Populus alba*	weich
Ulme	*Ulmus*	ziemlich hart
Weide	*Salix*	weich

Holzarten und -härte

In unseren Breitengraden werden bevorzugt Äste oder Stämme von Erle, Eiche, Buche, Birke, Linde, Pappel, Ahorn und Weide verwendet. Etwas weniger gut eignen sich Kastanie und Ulme. Austernseitlinge können auch auf Kirschholz wachsen. Mit Ausnahme davon gibt es keine guten Erfahrungen mit Obstgehölzen. Jeder Pilz passt mit verschiedenen Holzarten besser und weniger gut zusammen.

Eine Übersicht, welche Holzarten gut mit welchen Pilzarten zusammenpassen, finden Sie in der nachfolgenden Tabelle. Bei den angegebenen Kombinationen handelt es sich um Richtlinien und Erfahrungen von Pilzzüchtern. Die Liste ist aber bei Weitem nicht komplett und soll nur einen Anreiz geben, eigene Erfahrungen zu machen und neue Kombinationen zu entdecken.

Holzart	Pilzart							
	Austernseitling, Zitronenseitling, Rosenseitling	Glänzender Lackporling	Goldkäppchen (Nameko)	Igelstachelbart	Judasohr	Pioppino	Samtfußrübling	Shiitake
Ahorn	J			**J**	J			J
Birke	J	J	J	J				J
Buche	J	J	J	**J**	J			J
Eiche	J	J		**J**				**J**
Erle	J							J
Esche							J	
Kastanie	J			J				J
Kirsche	J							J
Pappel	**J**					J	J	J
Ulme				J			J	
Weide	**J**					J	J	J

Welche Pilze und Holzarten passen zusammen?
Legende: J = JA, Fett gedruckt und blau hinterlegt bedeutet, dass die Kombination sehr gut passt

Der richtige Zeitpunkt zum Beimpfen der Stämme

Die besten Zeiten zum Beimpfen der Baumstämme sind jeweils Anfang Herbst und Anfang Frühling. Sie sind also ident mit den besten Zeiten zum Schneiden des Holzes.

Sobald der Pilz komplett in den Baumstamm eingewachsen ist, ist das Myzel resistent gegen Frost und zu einem hohen Grad auch gegen Trockenheit. Beim Beimpfen zu den oben genannten Zeiten, hat der Pilz jeweils zwei bis drei Monate Zeit, um ausreichend in das Holz einzuwachsen, bevor die erste Härtezeit auf ihn zukommt. In sehr kalten Lagen oder wenn die Baumstämme erst spät im Herbst beimpft werden und nicht mehr ausreichend Zeit haben fertig zu Durchwachsen, ist es empfehlenswert die Baumstämme vor zu starken Umwelteinflüssen zu schützen. Dazu können die Baumstämme beispielsweise mit einer Plane überdeckt, in einem Blätterhaufen eingegraben oder in einem etwas wärmerem Raum, wie einer Garage, platziert werden. Idealerweise werden die Baumstämme außerdem an einem möglichst windstillen Ort gelagert.

Es ist empfehlenswert die beimpften Baumstämme mit folgenden Daten zu beschriften: Pilzart, Zuchtstamm und Datum der Beimpfung. Dazu bieten sich beispielsweise Metallplättchen an, in die die Daten eingraviert werden. Diese Plättchen können mit einem Hefter an eine Stirnseite geheftet werden.

INFO

Überprüfen der Holzfeuchte

Es gibt eine einfache Methode, um zu überprüfen, ob die Holzfeuchte ausreichend ist: Drücken Sie das Sägemehl, das beim Bohren der Löcher oder beim Schneiden der Einschnitte entstanden ist, in einer Faust zusammen. Wenn es dabei zusammenklebt, ist die Holzfeuchte genau richtig. Sollte das nicht der Fall sein, müssen Sie den Baumstamm vor dem Beimpfen etwa 24 Stunden einwässern. Achten Sie dabei darauf, dass der Baumstamm komplett im Wasser untertaucht.

Ältere Baumstämme „impf-fit" machen

Neben dem Wässern gibt eine weitere Methode, um etwas älteres Holz (maximal vier Monate alt) mit etwas Glück wieder in einen einsatzbereiten Zustand zu bringen:

Tauchen Sie den Holzstamm vor dem Beimpfen zuerst 24 Stunden lang in einem Wasserbad unter. Dann schneiden Sie zusätzlich etwa fünf Zentimeter dicke Scheiben von den beiden Enden des Stamms ab. Die offenen Schnittflächen sind die bevorzugten Eintrittsstellen für Pilzsporen aus der Luft. Pilze, die sich hier möglicherweise schon eingenistet haben, sollten in dieser Zeit noch nicht weiter als die fünf Zentimeter ins Holz eingewachsen sein und können so an einem Weiterwachsen gehindert werden.

Impfdübel-Methode

Die Impfdübel-Methode ist DIE empfohlene Arbeitsweise für Einsteiger in die Pilzzucht. Für die Beimpfung von Baumstämmen mit Impfdübeln wird kein spezielles Werkzeug benötigt.

Die Dübel werden in die Bohrlöcher gesteckt.
Foto: SR

Vor- und Nachteile

+ einfache und fehlertolerante Methode
  Dübel können selber hergestellt werden
– größerer Arbeitsaufwand

Material & Geräte

- Holzstämme (Laubholz, etwa 1 m lang, 10–25 cm Durchmesser)
- Dübelbrut: 25–50 Stück Dübel pro Meter Holz
- Bohrmaschine
- Bohrer 8,5 oder 9 mm Durchmesser (bei 8 mm Dübeln)
- Wachs (Bienen-, Käse- oder Kerzenwachs)
- Stövchen oder Gaskocher zum Schmelzen des Wachses
- (alter) Kochtopf
- Wattetupfer, Pinsel oder Löffel zum Auftragen des Wachses

Arbeitsschritte

1. Der Stamm wird je nach Stammdurchmesser 20–30-mal in einem diamantförmigen Muster angebohrt. Der Abstand zwischen den Löchern sollte fünf bis zehn Zentimeter betragen. Je mehr Löcher gebohrt werden, desto schneller ist die Besiedelung. Die Bohrlöcher sollten tief genug sein, um die Dübel komplett im Holz versenken zu können.

2. Der Stamm wird mit den Dübeln beimpft. Dazu stecken Sie die Dübel einfach in die Bohrlöcher. Sollten die Dübel etwas klemmen, helfen Sie mit einem Hammer nach.
3. Die Löcher müssen anschließend verschlossen werden, damit möglichst keine Feuchtigkeit aus den Löchern austritt. Dazu eignen sich Bienen-, Käse- oder Kerzenwachs sehr gut.

HINWEISE

- Das Wachs sollte in einem alten Kochtopf geschmolzen werden, da es nur schwer entfernt werden kann.
- Der Bohrer sollte im Durchmesser 0,5–1 mm größer sein als die Dübel.
- Die Bohrlöcher können auch mit einem Ästchen verschlossen werden. Dazu wird ein Ästchen in das Bohrloch gesteckt und abgebrochen oder abgesägt, um die Bohrung zu verschließen.
- Zusätzlich können auch die Schnittflächen an den Stammenden mit Wachs überzogen werden, damit sich über diese Stellen keine Fremdpilze ansiedeln.

Schnitt-Impf-Methode

Die Schnitt-Impf-Methode eignet sich gut, um viele Baumstämme in kurzer Zeit zu beimpfen. Die Körner- oder Sägespanbrut wächst außerdem schneller ins Holz ein als die Dübelbrut.

Vor- und Nachteile

+ sehr schnelle Methode
  kürzere Durchwachszeit als Dübelmethode
– geringer Bedarf an Pilzbrut

Material & Geräte

- Holzstämme (Laubholz, etwa 1 m lang, 10–25 cm Durchmesser)

Schneiden der Einschnitte Foto: LR

Füllen der Einschnitte mit Pilzbrut Foto: LR

Die Pilzbrut ist im Holz eingewachsen. Foto: LR

- Pilzbrut (Körner- oder Sägespanbrut): 2 kg Pilzbrut reichen für etwa 15 Stämme
- Motorsäge
- Klebeband (weißes oder graues Gewebeband)

Arbeitsschritte

1. Der Stamm wird auf jeder Seite quer mit einer Motorsäge etwa zwei bis drei Zentimeter breit und leicht über die Stammmitte hinaus eingeschnitten.
2. Diese Einschnitte werden komplett mit Pilzbrut gefüllt. Bilden Sie mit der zwei-

ten Hand eine kleine „Wand“, um die Einschnitte gut füllen zu können.
3. Dann werden die befüllten Einschnitte mit einem Klebeband gut umwickelt. Das Klebeband hat mehrere Funktionen. Es dient dazu die Einschnittstellen vor Luftanflug von Sporen zu schützen, die Feuchtigkeit in der Pilzbrut zu bewahren und bei Verwendung von Körnerbrut schützt es vor dem Verbiss durch Mäuse und Insekten.
4. Nach zwei bis sechs Monaten kann das Klebeband abgenommen werden, um zu überprüfen, ob die Pilzbrut ins Holz eingewachsen ist.
5. Nach Beendigung der Durchwachsphase wird das Klebeband abgenommen.

HINWEISE

- Tragen Sie beim Arbeiten mit der Motorsäge die entsprechende Schutzkleidung (Helm, Handschuhe, Schnittschutzhose).
- Sollte das Klebeband zu einfach verrutschen, kann es zusätzlich mit Heftklammern fixiert werden.

Bohrloch-Methode

Die Bohrloch-Methode eignet sich gut, um in überschaubarer Zeit große Mengen an Baumstämmen zu beimpfen. Aus Japan sind sogenannte Innokulationswerkzeuge erhältlich, mit denen die Pilzbrut einfach in die Löcher „injiziert“ werden kann.

Vor- und Nachteile

+ sehr schnelle Methode
  kürzere Durchwachszeit als Dübelmethode
– geringer Bedarf an Pilzbrut

Material & Geräte

- Holzstämme (Laubholz, etwa 1 m lang, 10–25 cm Durchmesser)
- Pilzbrut (Körner- oder Sägespanbrut): 2 kg Pilzbrut reichen für etwa 15 Stämme
- Bohrmaschine
- Forstner-/Astlochbohrer mit mindestens 14 mm Durchmesser oder Holzbohrer mit mind. 14 mm Durchmesser
- Wachs (Bienen -, Käse- oder Kerzenwachs)
- Stövchen zum Schmelzen des Wachses
- Wattetupfer, Pinsel oder Löffel zum Auftragen des Wachses

Arbeitsschritte

1. Der Baumstamm wird rundherum in einem Diamantmuster angebohrt. Für einen Holzstamm mit einem Meter Länge sollten 10–20 Löcher gebohrt werden. Die Löcher sollen ungefähr bis zur Mitte des Baumstammes reichen.
2. Nun füllen Sie Pilzbrut in die Löcher.
3. Wenn alle Löcher gefüllt sind, werden sie mit Wachs verschlossen.

Bohren der Löcher Foto: LR

Die Pilzbrut wird in die Löcher gefüllt. Foto: LR

HINWEISE

- Die Löcher bis knapp unter den Rand mit der Pilzbrut füllen.
- Noch schneller können Sie die Löcher mit einem Trichter füllen. Die Brut kann einfach durch den Trichter mit Essstäbchen in die Löcher gedrückt werden.
- Sollte kein passender Trichter vorhanden sein, können Sie auch den oberen Teil einer Mineralwasserflasche aus Plastik oder einer Kunststoffflasche abschneiden und als Trichter verwenden.
- Die Löcher können auch mit Astscheibchen oder Korken in der entsprechenden Größe verschlossen werden.

Holzkeil-Methode

Vor- und Nachteile

+ Beimpfung ist ohne spezielles Werkzeug möglich
– Schnittstellen der Keile sind unter Umständen schwer zu verschließen

Material & Geräte

- Holzstämme (Laubholz, etwa 1 m lang, 10–25 cm Durchmesser)
- Pilzbrut (Körner- oder Sägespanbrut): 2 kg Pilzbrut reichen für etwa 15 Stämme
- Motorsäge/Säge
- Hammer
- Nägel

Arbeitsschritte:

1. Aus dem Baumstamm wird ein Holzkeil, mit einer Tiefe von einem Drittel bis einem Viertel der Stammdicke, geschnitten.
2. Auf die Schnittflächen des ausgeschnittenen Keils wird eine 0,5–1 Zentimeter dicke Schicht Pilzbrut aufgebracht.
3. Der Keil wird wieder eingesetzt und mit Nägeln oder einem Klebeband fixiert.

Ausschneiden eines Holzkeils Foto: LR

4. Auf beiden Seiten des Stamms werden weitere Keile geschnitten, nach derselben Methode beimpft und wieder eingesetzt.
5. Umwickeln Sie die Stellen mit den Keilen mit Plastikfolie, um die Impfstelle vor Feuchtigkeitsverlust oder Schädlingen zu schützen. Die Folie kann ebenso mit Heftklammern oder einem Klebeband fixiert werden.

HINWEISE

- Die Holzkeilmethode kann auch für noch dickere Stämme verwendet werden oder mit der Säulen-Methode kombiniert werden.
- Geübte Pilzzüchter können aus einem fertig durchwachsenen Stamm einen Keil herausschneiden und diesen bei einem frischen Stamm einsetzen, um das Myzel weiterzuverbreiten.

Säulen-Methode

Die Säulen-Methode eignet sich gut für Austernseitlinge, Igelstachelbart und Glänzenden Lackporling (Reishi).

Vor- und Nachteile

+ auch dickere Baumstämme können verwendet werden; Säulen sehen dekorativ aus
– Die Säule kann nach dem Beimpfen nicht mehr transportiert werden.

Material & Geräte

- Baumstämme (Laubholz, Durchmesser mindestens 25 Zentimeter, 15–40 cm lang)
- Pilzbrut (Körner- oder Sägespanbrut) je nach Dicke und Anzahl der Stämme
- Motorsäge

Arbeitsschritte

1. Der Stamm wird in 20–40 Zentimeter lange Holzstücke geschnitten. Damit der Stamm wieder richtig gestapelt werden kann, sollten Sie zusätzliche Markierungen an den Schnittstellen machen.
2. Der Boden, auf dem die Säule aufgestellt wird, sollte eben sein. Auf einer Wiese oder im Wald kann das unterste Holzstück der Säule auch teilweise eingegraben werden.
3. Die obere Schnittfläche des ersten Holzstücks wird mit einer etwa 0,5–1 Zentimeter dicken Schicht Pilzbrut bedeckt.

Holzstücke mit Kennzeichnung zum richtigen Stapeln Foto: LR

Aufstellen der Säulen Foto: LR

4. Das nächste Holzstück wird daraufgestellt.
5. Auf diesem wird wiederum eine Schicht Pilzbrut aufgebracht.
6. Je nach Lust und Laune kann so eine niedrigere oder auch höhere Säule aufgestellt werden.
7. Der mit Pilzbrut gefüllte Bereich zwischen den Schnittstellen sollte zusätzlich verschlossen werden. Dazu kann der Baum mit einer großen Papiertüte, einem Seil, einer Plastikfolie oder einem Klebeband umwickelt werden. Eine weitere Möglichkeit ist es, Moos oder Blätter in die Schnittränder zu stopfen. Dieses Verschließen dient dazu, die Pilzbrut vor dem Austrocknen und den Befall von Schädlingen zu schützen.
8. Die oberste Schnittfläche kann zusätzlich mit Moos oder einer Holzscheibe vor dem Austrocknen geschützt werden. Beides kann mit Nägeln befestigt werden.

HINWEISE

- Die Schnittflächen der Holzstücke sollten gerade und sauber geschnitten sein, um eine gute Standfestigkeit der Säule zu gewährleisten.
- Die Säule kann zur Sicherung mit Seilen an einen Holzpfahl, eine Gartenmauer oder an einen anderen Baum gebunden werden.
- Mit Brettern und Schrauben können die Holzstücke zusätzlich stabilisiert werden.
- Statt den längeren Holzstücken können auch Baumscheiben mit fünf bis zehn Zentimeter Höhe verwendet werden. Die Scheiben und Holzstücke können auch abwechselnd verwendet werden.

Baumstamm-im-Sack-Methode

Der Stamm kommt in einen Filtersack. Foto: LR

Vor- und Nachteile

+ sehr sichere Methode für viele Pilzarten; schnellere Durchwachszeit als Impfdübel-Methode
– Arbeitsaufwand

Material & Geräte

- Baumstamm-Abschnitt (Laubholz, Durchmesser etwa 15 cm, Höhe 20 cm)
- Pilzzucht-Filtersäcke
- Schutzhandschuhe
- Kabelbinder oder Klammern
- Pilzbrut: etwa 300–500 g für einen Baumstamm-Abschnitt mit 20 x 15 cm
- Kochtopf mit Deckel oder Druckkochtopf

Arbeitsschritte

1. Das Holzstück wird in einen Filtersack gegeben und der Sack mit einer Klammer verschlossen. Achten Sie darauf, dass sich möglichst wenig Luft im Sack befindet.
2. Geben Sie das Holzstück im Filtersack in einen großen Kochtopf und füllen Sie diesen soweit mit Wasser, bis das Holzstück bedeckt ist. Der Filter sollte trocken bleiben. Das Holzstück schwimmt möglicherweise auf, das stellt jedoch kein Problem dar.
3. Nun bringen Sie das Wasser zum Kochen. Lassen Sie den Block eine Stunde im kochenden Wasser.
4. Nehmen Sie den Sack nun aus dem Wasserbad und lassen ihn 12–24 Stunden auf eine Temperatur von unter 30 °C abkühlen.
5. Nun öffnen Sie den Sack und füllen so viel Pilzbrut hinein, dass das Holzstück jeweils an den Stirnflächen mit etwa einem Zentimeter Pilzbrut bedeckt ist.
6. Jetzt verschließen Sie den Sack wieder und stellen ihn zum Durchwachsen auf.
7. Durch die zusätzliche Wärmebehandlung durchwächst das Myzel das Holz schneller.
8. Sobald der Baumstamm komplett durchwachsen ist, kann er zum Fruchten aufgestellt werden.

HINWEISE

- Hygienische Arbeitsweise
- Der Sack sollte nach dem Abkochen nur kurz beim Beimpfen geöffnet werden.
- Den Filtersack nicht mit den Händen an der Innenseite berühren.
- Noch besser funktioniert die Methode, wenn Sie das Holzstück im Filtersack für eine Stunde in einem Dampfdruckkochtopf abkochen und dann in einer Still-Air-Box beimpfen.

Sporenmethode

Die Beimpfung mit Pilzsporen ist jene Methode mit dem geringsten Arbeitsaufwand. Dafür dauert die Besiedlung des Holzes relativ lange und es gibt auch viele Fälle, in denen diese Methode nicht sehr gut funktioniert. Der Vollständigkeit halber sollte sie trotzdem erwähnt werden.

Vor- und Nachteile

+ es wird kein Werkzeug benötigt
– es wird ein frischer Pilz benötigt; sehr fehleranfällige Methode

Material & Geräte

- Holzstämme (Laubholz, frisch)
- Frischer Pilz

Arbeitsschritte

1. Ein frisch geernteter Pilz wird mit dem Hut nach unten auf den Baumstamm gelegt.
2. Es muss mindestens einen Tag gewartet werden, bis die Sporen aus dem Pilzhut auf den Stamm gefallen sind – erkennbar an einem feinen weißen Pulver unter dem Pilzhut.
3. Die Sporen beginnen von sich aus zu keimen, bilden ein Myzel und Durchwachsen den Stamm von dieser Stelle aus.

HINWEIS

- Für eine höhere Erfolgswahrscheinlichkeit sollten Sie mehrere Pilzhüte auf den Stamm legen.

Bei der Sporenmethode werden die Pilzsporen auf den Stamm übertragen. Foto: LR

Aus den Sporen entwickeln sich neue Pilze. Foto: LR

Recycling von Baumstümpfen

Baumstümpfe werden durch Beimpfen mit Pilzmyzel schneller abgebaut und liefern gleichzeitig noch hochwertige Lebensmittel. So können von den Pilzen zersetzte Baumstümpfe schon nach wenigen Jahren entfernt werden.

Sie können die Baumstümpfe mit der Impfdübel-, Säulen-, oder Sporenmethode beimpfen. Baumstümpfe benötigen meist mehrere Jahre, bis Sie das erste Mal Pilze ernten können.

HINWEISE

- Die Baumstümpfe sollten von frisch gefällten Bäumen stammen
- Sie sollten sich an einem schattigen Platz befinden
- Es sollten keine kranken oder verrotteten Baumstümpfe beimpft werden.

Durchwachsen, Fruchtung und Ernte

Durchwachsen

Die Durchwachsphase sollte an einem schattigen, windgeschützten, feuchten Platz erfolgen. Das kann in einem Wald, neben einem Bach, einem Biotop im Garten, unter Büschen oder Hecken, unter einem Obstbaum, einem Laubhaufen oder auch unter einer Plane oder Folie sein. Idealerweise werden die Stämme ein paar Zentimeter über dem Garten-, Wald, oder Wiesenboden auf Holzleisten, Ziegelsteinen oder ähnlichem gelagert. Dadurch können sich keine ungewollten Pilze aus dem Boden ansiedeln, gleichzeitig steigt vom Boden her Feuchtigkeit auf.

Traditionelle Pilzzüchter in Japan lagern die Stämme wie einen Scheiterhaufen dicht übereinandergestapelt im Wald. So halten sich die Baumstämme gegenseitig warm, windgeschützt und feucht.

Ein Haufen mit quadratisch aufgeschichteten Stämmen bietet sich als weitere Lagermethode an. Es werden je zwei Baumstämme in etwa 80 Zentimeter Abstand voneinander kreuzweise übereinander gelegt. In dieser Weise können die Baumstämme bis zu einer Höhe von zwei Metern aufgetürmt werden. Ein weiterer Vorteil dieser Lagerung ist, dass die Baumstämme für die Fruchtung nicht mehr umgeräumt werden müssen. Sie können direkt vom Holzstoß fruchten, da zwischen den Stämmen ausreichend Platz für die Pilze zum Wachsen ist.

Sollte nach dem Beimpfen trockeneres Wetter sein, ist es empfehlenswert die Stämme zusätzlich alle zwei bis drei Tage zu gießen. Das baldige Ende der Durchwachsphase ist daran zu erkennen, dass das Pilzmyzel an den Schnittflächen der Holzstämme sichtbar wird. Je nach Pilzart kann das Myzel sehr deutlich oder etwas weniger stark ausgeprägt sein.

Quadratisch aufgestapelte Stämme müssen zum Fruchten nicht mehr umgeräumt werden.
Foto: Josef Huber

Sichtbares Myzel an der Stirnseite Foto: SR

Bei weicheren Hölzern wie Weiden, Erlen, Pappeln oder Linden ist das oft schon nach acht bis zwölf Monaten der Fall. Bei harten Holzarten, wie Buche, Eiche oder Ahorn sollte mit 14–18 Monaten gerechnet werden. Weiche Hölzer sind dagegen oft nach ein bis drei Jahren ausgezehrt, während auf harten Hölzern auch oft nach fünf bis zehn Jahren noch Pilze wachsen.

Traditionelle Pilzzüchter in Japan stellen die Baumstämme nach dem Durchwachsen einzeln senkrecht auf. Dazu werden sie an drei bis fünf Meter langen Holzstangen, die im Wald zwischen den Bäumen auf einer Höhe von etwa 80 Zentimeter angebracht sind, in langen Reihen angelehnt. Der Reihenabstand beträgt etwa 50 Zentimeter, um zwischen den Reihen durchzugehen und die Pilze ernten zu können. Zwischen den Baumstämmen wird jeweils ein Abstand von etwa 20 Zentimeter gelassen, damit die Pilze genug Platz zum Wachsen haben. Die Baumstämme werden üblicherweise am Waldboden aufgestellt.

Fruchtung

Die durchwachsenen Stämme fruchten je nach Pilzart zu unterschiedlichen Zeiten. Auch verschiedene Wetterphänomene können ein Fruchten der Pilze auslösen. So wachsen nach einem überraschenden Kälteeinbruch im Sommer oder Herbst nicht nur die Waldpilze oft massenweise, sondern auch die Pilze im eigenen Garten. Ein weiterer Auslöser kann ein Gewitter sein. Die elektrische Aufladung der Luft regt die Bildung von Fruchtkörpern an.

INFO

Die seltenen Matsutake-Pilze gelten in Japan als Delikatesse und werden oft zu höheren Preisen gehandelt als Trüffelpilze in Europa. Ein Kilogramm dieser Pilze kann bis zu 2.000 € kosten. Wie andere Waldpilze auch, ist der Matsutake jedes Jahr starken Schwankungen im Vorkommen unterworfen. Japanische Pilzsammler haben entdeckt, dass die Pilze vor allem nach Gewittern im Herbst in großen Mengen auftreten. Dieses Wissen haben sie sich zunutze gemacht und sind dazu übergegangen, bei den passenden Temperaturen mit speziellen Elektroschockern bis zu 20.000 Volt starke Stromstöße an den Waldboden abzugeben. Ein paar Tagen nach diesen Stromstößen beginnen die Matsutake-Pilze zu wachsen.

Winterpilze fruchten vor allem bei kühleren Temperaturen bis knapp über dem Gefrierpunkt. Diese herrschen oft im späten Herbst oder bei Frühlingsbeginn vor. Samtfußrüblinge und Judasohren frieren bei Minusgraden ein und wachsen weiter, sobald die Temperatur wieder über 0 °C steigt. Wärmeliebende Pilze, wie Sommer-Austernseitling, Zitronenseitling oder Glänzender Lackporling (Reishi),

Auch der Glänzende Lackporling eignet sich gut für die Zucht auf Baumstämmen.
Foto: Joachim Blaurock

fruchten dagegen gerne im Sommer bei warmen, tropischen Temperaturen.

Eine Sonderstellung nimmt der Rosenseitling ein. Dieser kann grundsätzlich mit der Baumstamm-Methode kultiviert werden, er stirbt jedoch bei Temperaturen unter 10 °C ab. Da in Mitteleuropa je nach Standort auch im Sommer tiefere Temperaturen auftreten können, muss bei Rosenseitlingen genau darauf geachtet werden, die beimpften Stämme wenn notwendig in wärmere Räumlichkeiten zu bringen.

Die Pilze fruchten nicht nur an den Stellen, an denen der Baumstamm beimpft worden ist, sondern über den ganzen Stamm verteilt.

Geplante Fruchtungseinleitung bei Shiitakepilzen

Das Wachstum der meisten Pilzarten hängt relativ stark von den Jahreszeiten sowie klimatischen Bedingungen ab. Die Erträge können dadurch von Jahr zu Jahr sehr unterschiedlich ausfallen.

Das Fruchten von Shiitakepilzen kann dagegen relativ genau geplant werden. Die Fruchtungseinleitung gelingt am besten bei Temperaturen, die auch den Fruchtungstemperaturen des Pilzes in der Natur entsprechen. Diese findet man meist im Frühling oder Herbst vor und liegen je nach Shiitake-Zuchtstamm zwischen 5–20 °C. Vor einer geplanten Fruchtungseinleitung sollte der Pilzstamm mindestens einmal natürlich gefruchtet haben. Vor der nächsten Fruchtungseinleitung sollte mindestens ein Monat gewartet werden, damit sich das Myzel erholen kann.

Zuerst wird der fertig durchwachsene Baumstamm 24 Stunden in ein Wasserbad gelegt. Das Einwässern kann in einem Gewässer, einem Biotop, in einer Regentonne oder Badewanne erfolgen. Die Stämme sollten komplett untergetaucht werden. Am folgenden Tag werden die Stämme „wachgerüttelt", indem sie mehrmals auf festem Boden aufgestampft oder geworfen werden. Durch die dabei im Baumstamm entstehende Erschütterung treten winzig kleine Risse zwischen den Zellwänden des Pilzmyzels auf. Das Myzel fühlt sich dadurch bedroht und will sich so schnell wie möglich durch die Bildung eines Fruchtkörpers fortpflanzen.

Eingraben der Pilzstämme

Bei der Zucht von Austernseitlingen lassen sich bessere Ergebnisse erzielen, wenn die Baumstämme nach dem Durchwachsen mit einem Ende zu etwa einem Viertel im Boden vergraben werden. Das Myzel wächst vom Stamm weiter in den Boden und geht dort eine Verbindung mit unterschiedlichen Bakterien und Bodenpilzen ein, die es zusätzlich mit Nährstoffen versorgen. Zudem kann der Stamm Feuchtigkeit aus dem Boden aufnehmen.

Das Eingraben der Stammenden verbessert die Ernteergebnisse bei vielen Pilzarten. Foto: SR

Die Austernseitling-Stämme können sogar direkt nach dem Beimpfen eingegraben werden. In diesem Fall erweitert sich die Durchwachszeit bis zur ersten Fruchtung.

Ernte

Sobald sich der Pilzhut nach oben wölbt, können die Pilze durch Herunterdrehen geerntet werden.

Die Erntemenge hängt von vielen Faktoren ab und schwankt von Jahr zu Jahr. Die wichtigsten Faktoren sind: die Holzart, der Zustand des Holzes, die klimatischen Bedingungen, die Klimazone, die genaue Lage der Pilzkultur und der Pilz-Zuchtstamm.

Grundsätzlich gilt, Shiitake-Pilze bringen die besten Erträge auf Eichenstämmen, diese sind ungefähr doppelt so hoch wie bei der Zucht auf Buchenstämmen.

Gute Erträge reichen von ein bis zwei Kilogramm pro Pilzstamm (mit einem Meter Länge und 20 Zentimeter Durchmesser) pro Jahr.

STROHBALLEN

Für welche Pilze eignet sich die Methode?

Austernseitling, Sommer-Austernseitling, Zitronenseitling, Rosenseitling, Riesenträuschling, Kräuterseitling, ausgewählte Shiitake-Zuchtstämme

Material & Geräte

- Strohballen
- Pilzbrut (Körner- oder Sägespanbrut): 2 kg Pilzbrut für einen Strohballen mit 50 x 50 x 100 cm

HINWEISE

- Der Strohballen verdreifacht sein Gewicht im Wasserbad. Daher sollten Sie vorab eine Strategie festlegen, um den Ballen im Anschluss an seinen endgültigen Standort zu transportieren.
- Wenn sich der Strohballen in einer Tiefe von fünf bis zehn Zentimetern trocken anfühlt, sollten Sie ihn gießen.
- Wenn Sie Riesenträuschlinge auf Strohballen züchten, muss der Ballen Erdkontakt haben. Auch für andere Pilzarten, wie Austernseitlinge, wirkt sich Erdkontakt vorteilhaft aus.

Rosenseitlinge auf Strohballen Foto: Niko Reinberg

Ein Riesenträuschling wächst auf einem Strohballen. Foto: LR

Arbeitsschritte

1. Je nach Größe des Strohballens gibt es verschiedene Möglichkeiten den Strohballen ausreichend zu wässern. Ein kleiner Strohballen wird einen Tag in einem Wasserbad untergetaucht. Ein größerer Strohballen wird sechs bis acht Stunden mit einem Gartenschlauch gut gewässert. Je nach Dichte und Größe des Strohballens kann eine kürzere oder längere Zeit erforderlich sein. Ob der Strohballen ausreichend feucht ist, lässt sich mit der sogenannten „Druckmethode" erkennen.
2. Nachdem der Strohballen an seinen Aufstellungsort verfrachtet wurde, wird er für die Beimpfung vorbereitet. Dazu müssen mehrere Löcher in den Strohballen gegraben werden. Für einen Strohballen mit den Abmessungen 50 x 50 x 100 Zentimeter reichen sechs bis acht Löcher aus. Die Löcher sollten fünf bis zehn Zentimeter im Durch-

messer sein und ungefähr bis zur Mitte des Strohballens reichen. Je nach Dichte des Strohballens können diese Löcher mit den Händen oder auch einer Eisenstange gegraben werden. In der Mitte des Strohballens sollte noch einmal die Feuchtigkeit kontrolliert werden.

3. Jetzt werden die Löcher bis fünf Zentimeter unter den Rand mit Pilzbrut gefüllt.
4. Die Löcher werden mit Stroh zugedeckt und so „verschlossen".
5. Nun dem Einbringen der Brut wird der Strohballen noch einmal ausgiebig gewässert.
6. Der Strohballen sollte in gleichen Abständen wie ein Gemüsebeet mit Wasser gegossen werden. Bei trockenem Wetter etwas häufiger, bei nassem Wetter ist kein Gießen erforderlich.
7. Nach drei bis sechs Monaten ist der Strohballen vom Pilzmyzel durchwachsen und die Pilze beginnen zu fruchten.

Einfüllen der Pilzbrut in den Ballen Foto: LR

PILZBEETE

Pilzbeete sind ein besonderer Bestandteil eines vielfältigen Gartens und können an Stellen angelegt werden, an denen die meisten Gemüsepflanzen nur sehr schlecht wachsen. So eignen sich für Pilzbeete möglichst schattige, der Sonne abgewandte Flächen. Sie können Pilzbeete auch mit Gemüsebeeten kombinieren.

Zitronenseitlinge fruchten im Strohbeet Foto: LR

INFO

Pilzzucht im Blumentopf

Pilze können auch in einem Blumentopf oder einem Blumentrog gezüchtet werden. Die Vorgehensweise ist dabei gleich wie bei der Pilzzucht im Beet. Sie müssen nur darauf achten, den Blumentopf vor dem Befüllen gut zu reinigen. Ein Vorteil ist, dass die Blumentöpfe oder -tröge bewegt werden können. So kann der Trog oder Topf anfangs in einem wärmeren Raum platziert werden, um die Durchwachsphase zu verkürzen. Sobald die Pilze zu fruchten beginnen, wird der Behälter in den Garten gestellt.

Vorbereitung

Die Anlage eines Pilzbeetes ist eine einfache und sichere Methode, die sich gut für Anfänger eignet. Bei der Wahl des Substrats müssen Sie auf die gewünschte Pilzart achten. Pilzbeete können mit Stroh, Sägespänen, Holzchips, Kaffeesatz oder Kompost angelegt werden. Die beste Zeit für die Anlage eines Pilzbeetes ist im Frühling, ab einer Durchschnittstemperatur von etwa 10 °C bzw. sobald kein starker Frost mehr auftritt.

Für welche Pilze eignet sich die Methode?

Je nach Lebensweise können Pilze nicht auf allen Substraten wachsen. Die nachstehende Tabelle gibt Ihnen einen Überblick, welches Substrat für welche Pilze geeignet ist.

INFO

Pilzbeete können Sie auch mit bereits abgeerntetem Substrat von älteren Beeten, Strohballen oder Substratblöcken beimpfen. Sobald das Pilzmyzel wieder auf neues Material stößt, regeneriert es sich und wächst wieder weiter.

Pilzart / Substrat	Stroh	Holzchips, Sägespäne	Kompost
Austernseitling	J	J	
Sommer-Austernseitling	J	J	
Zitronenseitling	J	J	
Rosenseitling	J	J	
Riesenträuschling	J	J	
Glänzender Lackporling		J	
Goldkäppchen		J	
Schopftintling			J
Champignon			J

Übersicht über gängige Speisepilzarten und die geeigneten Substrate
Legende: J = JA, d. h. das Substrat ist für den Pilz geeignet

Material & Geräte

- Substrat (Stroh, Sägespäne, Hozchips etc.)
- Pilzbrut (Körner- oder Sägespanbrut): 2 kg Pilzbrut reichen für eine Fläche von 1,5 m²
- **Optional:** Unbedruckter Karton, Plane oder Folie

Arbeitsschritte

1. Ein Beet mit einer Tiefe von 15–25 Zentimetern ausheben.
2. Als unterste Lage ist eine Lage aus unbedrucktem Karton empfehlenswert. Diese hält die Feuchtigkeit besser im Substrat und bietet einen gewissen Schutz vor der Ansiedlung von Bodenlebewesen im frischen Substrat. Der Karton wird nach und nach vom Pilz besiedelt und abgebaut.

3. Zuerst wird eine etwa fünf bis zehn Zentimeter dicke Schicht Substrat (Sägespäne, Holzchips oder Stroh) in das Beet gestreut. Darüber kommt eine Schicht Pilzbrut. Darauf folgt wieder eine Schicht Substrat und darauf wieder eine Schicht Pilzbrut, bis das Beet komplett gefüllt ist. Die oberste Lage sollte eine Substratschicht sein.
4. Das Pilzbeet muss nun ausgiebig gewässert werden. Später benötigt das Pilzbeet etwa die gleiche Wassermenge wie ein Blumenbeet. Bei trockenem Wetter sollte das Beet öfter gegossen werden, bei feuchtem Wetter ist kein Gießen erforderlich.
5. Um den Aufwand für das Gießen zu reduzieren, kann das Beet in den ersten zwei Monaten mit einer Plane oder einem Vlies zugedeckt werden.
6. Nach drei bis sechs Monaten kann mit den ersten Pilzen gerechnet werden – wenn die Außentemperatur für die jeweilige Pilzart passt.

HINWEISE

- Ein Pilzbeet kann auch als Hochbeet angelegt werden.
- Die Sägespäne oder Holzchips müssen von Laubholzbäumen stammen.
- Wenn sich das Substrat im Beet in einer Tiefe von fünf bis zehn Zentimetern trocken anfühlt, sollten Sie das Beet gießen.
- In Pilzbeeten sollten Sie es vermeiden, mehrere Pilzarten zu vermischen. In diesem Fall ist die Wahrscheinlichkeit sehr hoch, dass sich eine Pilzart gegen die andere durchsetzt und diese am Wachstum hindert.
- Noch höhere Erträge erhalten Sie, wenn Sie das Stroh mit einer im Kapitel „Substrate – Stroh“ vorgestellten Methode vorbehandeln.

Strohbeet anlegen Foto: LR

Stroh
So wässern Sie größere Mengen an Stroh ein

- Eine Rolle mit großen Müllsäcken in einen Schraubstock spannen.
- 20–30-mal von verschiedenen Seiten mit einer Bohrmaschine mit einem Bohren (4–6 mm Durchmesser) anbohren.
- Die durchlöcherten Müllsäcke werden zu einem Viertel mit trockenem Stroh gefüllt, in eine Regentonne gegeben und mit Steinen beschwert.
- Diese Tonnen werden mit Wasser gefüllt.
- Nach fünf bis sieben Tagen werden die Tonnen geleert.
- In den Säcken kann das feuchte Stroh zum zukünftigen Pilzbeet transportiert werden.
- Das Stroh kann auch nach ein bis zwei Tagen einwässern schon verwendet werden. Der Geruch ist weniger intensiv, aber das Stroh ist auch weniger gut für die spätere Besiedlung vorbereitet. In diesem Fall sollten Sie jedoch die 1,5-fache Menge an Pilzbrut verwenden.

Vorbereiten des Kompostbeets Foto: LR

Holzchips & Sägespäne

Für die Anlage eines Pilzbeetes mit Sägespänen und Holzchips gehen Sie grundsätzlich wie bei der Anlage eines Strohbeets vor. Anstelle des Strohs werden jedoch Holzchips oder Hackschnitzel von Laubholzbäumen verwendet. Die Hackschnitzel oder Holzchips sollten nicht älter als zwei Wochen sein. Ältere Holzreste sind möglicherweise schon von Pilzsporen über Luftanflug besiedelt worden.

Die Holzchips oder Hackschnitzel werden 24 Stunden eingewässert und dann schichtweise abwechselnd mit Pilzbrut in das Beet geschüttet. Als oberste Schicht sollte Stroh, Erde oder feineres Häckselmaterial verwendet werden. Diese Mulchschicht verhindert das Austrocknen des Pilzbeetes.

Kompost

Auch bei der Anlage eines Kompostbeets wird grundsätzlich wie bei der Anlage eines Strohbeets vorgegangen. Als Substrat wird hier Kompost verwendet. Dieser wird abwechselnd mit der Pilzbrut im Beet aufgeschichtet. Für den Kompost eignet sich Gartenkompost. Rinder- oder Hühnermist sollte bereits etwa drei Monate abgelegen sein und bei der Anlage des Pilzbeets mit etwas Stroh durchmischt werden. Pferdemist können Sie auch frisch verwenden.

Kompostbeete benötigen eine Deckschicht. Diese dient dazu, die Feuchtigkeit besser im Beet zu halten. Diese Deckschicht besteht im Idealfall aus Torferde. Alternativ können Sie auch normale Erde oder Rindenmulch verwenden.

Pilze mit Gemüsebeeten kombinieren

Pilze können auch mit Gemüse in einem Beet kombiniert werden. Diese Kombination wirkt sich auch vorteilhaft für die Pflanzen aus, da die Pilze schnell mit den Pflanzen eine Mykorrhizaverbindung eingehen und so die Pflanzen mit Zusätzlichen Nährstoffen versorgen.

Für holzzersetzende Pilze kann ein Pilzbeet direkt an ein Gemüsebeet anschließen oder eine dickere Mulchschicht auf das Beet gestreut werden, die mit Pilzbrut beimpft wird.

Für kompostzersetzende Pilze kann einfach ein Pilzbeet nach vorher beschriebener Methode angelegt werden und in dieses Beet werden die Gemüsepflanzen gesetzt. Bei der Auswahl der Pflanzen muss darauf geachtet werden, dass die Pflanzen mit dem Nährstoffgehalt des Kompostes zurechtkommen. Gut eignen sich Starkzehrer wie Tomaten, Gurken und Kürbisse.

PILZZUCHT IN BEHÄLTNISSEN

Die eigene Pilzzucht ist nicht nur für Garten- und Balkonbesitzer interessant, sondern auch für alle, die über eine Wohnung oder ein Kellerabteil verfügen. Als Behältnisse eignen sich Eimer, Joghurtbecher oder Kunststoffsäcke sehr gut. Mit etwas Einfallsreichtum können Sie auch Körbe, Töpfe, Marmeladegläser und vieles weitere für die Pilzzucht adaptieren.

FERTIGKULTUREN

Fertigkulturen sind sicher die einfachste Möglichkeit, um schnell und zuverlässig eigene Pilze zu züchten.

Das Substrat ist auf die jeweilige Pilzart abgestimmt und besteht meist aus Stroh, Sägespänen, Kompost oder Kaffeesatz. Es wird häufig schon fertig durchwachsen geliefert. Sie müssen die Pilze nur noch wachsen lassen und ernten.

Fertigkulturen lassen sich auch in Wohnräumen züchten. Foto: LR

Für welche Pilze eignet sich die Methode?

Die beliebtesten Arten sind Austernseitling, Sommer-Austernseitling, Zitronenseitling, Rosenseitling, Shiitake und Champignon. Diese wachsen unter klimatischen Bedingungen, die bereits in Wohnräumen herrschen oder ohne großen Aufwand nachgestellt werden können.

Andere Arten benötigen etwas mehr Erfahrung und Geduld. Dazu gehören: Kräuterseitling, Shiitake, Igelstachelbart, Glänzender Lackporling, Goldkäppchen, Judasohr, Pioppino, Klapperschwamm (Maitake), Buchenrasling, Schmetterlingstramete und Samtfußrübling. Die genauen Wachstumsbedingungen finden Sie bei den jeweiligen Herstellern.

Im Folgenden werden die Schritte einer Austernseitling-Fertigkultur beschrieben.

Material & Geräte

- Austernseitling-Fertigkultur
- Sprühflasche
- Messer

Arbeitsschritte

1. **Anschneiden der Kultur**: Die Kultur befindet sich üblicherweise in einem Pilzzucht-Filtersack im Ruhezustand. Sobald der Sack angeschnitten wird, erhält das Myzel Sauerstoff. Es wird ein großes „X" in den Substratblock geschnitten. Die dabei entstehenden kleinen Plastikklappen, schützen das Substrat vor Austrocknung und können später vom Pilz beim Rauswachsen zur Seite gedrückt werden.
2. **Anritzen des Substrats**: Mit einer Gabel wird das Substrat an der angeschnittenen Stelle leicht angeritzt.
3. **Aufstellen des Substratblocks**: Der Block wird an einem hellen Platz, ohne direktes Sonnenlicht im Raum aufgestellt. Idealerweise an einem möglichst feuchten Ort, zum Beispiel neben einer Spüle oder in einem Badezimmer mit Fenster. Sollte kein solcher Platz zur Verfügung sein, kann die trockenere Raumluft auch durch Besprühen der Kultur mit Wasser ausgeglichen werden.
4. **Besprühen**: Die Stelle an der der Block angeschnitten wurde und später die fruchtenden Pilze werden ein- bis zweimal täglich mit Wasser besprüht. Nach ungefähr zwei Wochen sollten die ersten Babypilze zu sehen sein.
5. Fünf bis sieben Tage später sind die Pilze ausgewachsen und sobald sich der Pilzhut nach oben wölbt, können die Pilze geerntet werden.

HINWEISE

- Zum Besprühen kann gewöhnliches Leitungswasser verwendet werden.
- Pilzkulturen in Wohnräumen sollen immer in gut durchlüfteten Räumen stehen. Räume mit langen Aufenthaltszeiten sind weniger gut geeignet (Schlafzimmer, Büro).
- Die Pilze verdoppeln sich jeden Tag in Größe und Gewicht.

STROH IN EIMERN

Für welche Pilze eignet sich die Methode?

Austernseitlinge, Sommer-Austernseitlinge, Zitronenseitlinge, Rosenseitlinge

Material & Geräte

- Stroh
- Pilzbrut (Körner- oder Sägespanbrut): 2 kg für einen Eimer mit 30 Liter Fassungsvermögen
- Plastikeimer mit Deckel
- Bohrmaschine
- Bohrer 8–10 mm Durchmesser
- **Optional:** atmungsaktives Klebeband (Micropore-Tape)

Pilzkultur in einem Eimer Foto: LR

Arbeitsschritte

1. Weichen Sie das Stroh einen Tag in einer Wanne oder einem Fass ein.
2. In einen Eimer werden an den Seitenwänden neun bis zwölf Löcher mit einem Durchmesser von acht bis zwölf Millimeter gebohrt.

3. Der Eimer wird innen gut gereinigt. Dazu eignet sich hochprozentiger Alkohol oder ein Chlorreiniger. Wichtig ist auch, den Deckel und die Löcher zu reinigen – alle Stellen, mit denen das Substrat und die Brut in Berührung kommen.
4. Das eingeweichte Stroh wird nun aus dem Wasserbad genommen und für mindestens 30 Minuten zum Abtropfen aufgelegt. Wichtig ist hierbei, dass der Untergrund davor gereinigt wird, um die Kontaminationsgefahr so gering wie möglich zu halten.
5. Jetzt wird abwechselnd eine dicke Schicht Stroh (etwa fünf bis zehn Zentimeter) und eine dünnere Schicht Pilzbrut (etwa einen Zentimeter) in den Eimer geschichtet. Es ist wichtig, das Stroh so dicht wie möglich in den Eimer zu stopfen. Die oberste Schicht sollte aus Stroh bestehen.
6. Mit dem Deckel verschließen und den Eimer an einer feuchten und möglichst dunklen Stelle zum Durchwachsen aufstellen. Es muss darauf geachtet werden, dass das Stroh an den Bohrlöchern des Eimers nicht austrocknet, aber genug Frischluft erhält. Dazu können die Löcher mit einem atmungsaktiven Klebeband (Micropore-Tape) überklebt werden. Alternativ kann oberhalb der Löcher auch eine Plastikklappe angeklebt werden, die der Pilz beim Rauswachsen zu Seite drückt. Eine weitere Möglichkeit ist es, einen Müllsack innen zu befeuchten und über den Eimer zu stülpen.
7. Nach drei bis vier Wochen sollte der Eimer gut mit Pilzmyzel durchwachsen sein und der Eimer kann zum Fruchten aufgestellt werden. Dazu wird die Abdeckung über den Bohrlöchern entfernt und der Eimer an einem schattigen und feuchten Ort aufgestellt. Wenn kein feuchter Ort vorhanden ist, kann auch täglich Wasser auf die Löcher gesprüht werden.

HINWEISE

- Es können farbige oder durchsichtige Eimer verwendet werden. Der Vorteil durchsichtiger Eimer ist, dass das Pilzmyzel gut beim Wachsen beobachtet werden kann. Außerdem lässt sich so schnell feststellen, ob möglicherweise Fehler beim Beimpfen gemacht wurden (Schimmelbildung).
- Die Erntemenge hängt nicht von der Anzahl der Löcher ab. Viele Löcher bedeuten viele, aber kleinere Pilze, weniger Löcher bedeuten wenige, aber größere Pilze.
- Atmungsaktives Tape ist in jeder Apotheke erhältlich und wird normalerweise verwendet, um Verbände zu fixieren.

KAFFEESATZ IN JOGHURTBECHERN

Ein großer Vorteil von Kaffeesatz ist, dass er durch das Abbrühen bereits komplett steril ist und daher vor dem Beimpfen nicht mehr pasteurisiert oder sterilisiert werden muss. Es muss jedoch darauf geachtet werden, dass der Kaffeesatz möglichst frisch verwendet wird, da er bereits nach wenigen Tagen Schimmel ansetzt.

Kaffeesatz sollte bei Lagerung unter Raumtemperatur innerhalb von zwei Tagen verarbeitet werden, gekühlt ist er länger haltbar. Eine zusätzliche Möglichkeit, um die Haltbarkeit des Kaffeesatzes zu verlängern, ist die Trocknung in einem Backofen. Vor dem Verwenden des getrockneten Kaffeesatzes muss dieser wieder mit Wasser durchfeuchtet werden.

Austernseitlinge auf Kaffeesatz in einem großen Joghurtbecher Foto: LR

Für welche Pilze eignet sich die Methode?

Austernseitlinge, Sommer-Austernseitlinge, Zitronenseitlinge, Rosenseitlinge

Material & Geräte

- Kaffeesatz
- Joghurtbecher
- Kabelbinder oder Klammern
- Pilzbrut
- **Optional:** atmungsaktives Klebeband (Micropore-Tape)

Arbeitsschritte

1. Frischer Kaffeesatz kann direkt nach dem Abkühlen auf unter 35 °C verwendet werden.
2. Getrockneter Kaffeesatz muss vor der Verwendung wieder mit Wasser durchmischt werden. Das Wasser sollte genau vom Kaffeesatz „aufgesaugt" werden. Dazu wird der getrocknete Kaffeesatz in eine Schale gegeben. Dann wird nach und nach heißes Wasser über den Kaffeesatz geschüttet. Gleichzeitig wird der Kaffeesatz mit einem Kochlöffel durchmischt, sodass sich das Wasser gleichmäßig verteilt. Wenn der ganze Kaffeesatz vom Wasser „verfärbt" ist, stimmt die Feuchte im Kaffeesatz. Zusätzlich sollte das Substrat mit der „Druckprobe" kontrolliert werden. Ist der Kaffeesatz zu feucht (überschüssiges Wasser ist zu sehen), ist die Gefahr der Schimmelbildung größer. Wenn er zu trocken ist, kann der Pilz nicht gut wachsen.
3. Der Kaffeesatz muss wieder auf unter 35 °C abkühlen. Zum Schutz des Kaffeesatzes vor Kontamination während dieser Phase kann ein Deckel oder eine Kartonplatte über die Schale gelegt werden.
4. Während der Kaffeesatz abkühlt, wird der Joghurtbecher vorbereitet. Wie bei der Eimermethode, werden auch in den Joghurtbecher mehrere Löcher mit einem Durchmesser von acht bis zwölf Millimetern gebohrt.
5. Der Joghurtbecher wird innen gut gereinigt. Dazu eignet sich hochprozentiger Alkohol oder ein Chlorreiniger. Wichtig ist auch, den Deckel und die Löcher zu reinigen – alle Stellen, mit denen das Substrat und die Brut in Berührung kommen.
6. Jetzt wird abwechselnd eine zwei bis drei Zentimeter Schicht Kaffeesatz und eine 0,5–1 Zentimeter Schicht Pilzbrut in den Joghurtbecher eingefüllt. Die oberste Schicht sollte Kaffeesatz sein.
7. Anschließend wird der Deckel auf den Joghurtbecher gegeben
8. Damit das Substrat nicht zu viel Feuchtigkeit verliert, werden die Löcher mit dem Micropore-Tape überklebt.
9. Der Joghurtbecher wird zum Durchwachsen aufgestellt.
10. Nach zwei Wochen wird der Deckel des Joghurtbechers kurz abgenommen und kontrolliert, ob das Myzel an der Oberseite des Kaffeesatzes bereits zu sehen ist. Wenn noch nichts zu sehen ist, sollte in einer Woche nochmal kontrolliert werden.

Sollte dann immer noch nichts zu sehen sein, ist wahrscheinlich etwas im Beimpfungsprozess falsch gelaufen.

11. Nach etwa vier Wochen sollten die Pilze zu fruchten beginnen. Sobald der erste Pilz das Micropore-Tape zur Seite drückt, kann es an allen Löchern abgenommen werden. Nach dem Entfernen des Tapes sollten die Löcher und später die fruchtenden Pilze täglich einmal besprüht werden.

HINWEISE

- Die Kaffeesatz-Methode funktioniert am besten mit Behältern, die ein Kilogramm Kaffeesatz oder weniger fassen. Bei größeren Behältern wird der Kaffeesatz möglicherweise zu „dicht" und der Pilz bekommt nicht mehr genug Luft zum Wachsen.
- Eine bessere Durchlüftung des Substrats ergibt sich durch Beimischen von Stroh, Strohpellets oder Holzpellets.

STROHPELLETS-METHODE

Bei der Pelletsherstellung entstehen Temperaturen von mehr als 70 °C. Da bei diesen Temperaturen eine große Anzahl an Pilzen und Kleinstlebewesen abgetötet werden, sind Pellets nahezu keimfrei und eignen sich daher ausgezeichnet für die Pilzzucht.

Für welche Pilze eignet sich die Methode?

Austernseitlinge, Zitronenseitlinge, Rosenseitlinge und Kräuterseitlinge

Fruchtende Zitronenseitlinge auf Strohpellets
Foto: SR

Material & Geräte

- Strohpellets
- Kunststoffsäcke
- Schutzhandschuhe
- Kabelbinder oder Klammern
- Pilzbrut: 2 kg Pilzbrut reichen für etwa 20 kg feuchtes Substrat
- Kochtopf mit Deckel

Arbeitsschritte

1. Die benötigte Menge Wasser wird zum Kochen gebracht. Das fertige Substrat sollte einen Wassergehalt von etwa 55–65 % aufweisen. Mit dem Gewichtsverhältnis Pellets : Wasser = 1 : 2 (also 0,5 kg Pellets : 1 l Wasser) liegt man normalerweise richtig.
2. Füllen Sie die Pellets in einen leeren Kochtopf. Der Kochtopf sollte nur zu etwa einem Viertel mit Pellets gefüllt werden. Die Pellets dehnen sich durch die Wasseraufnahme aus und es wird auch Platz zum Durchmischen von Substrat und Brut im Topf benötigt.
3. Die benötigte Menge an kochendem Wasser wird in den Topf über die Pellets geschüttet. Hier sollten Sie darauf achten,

dass sich alle Pellets auflösen. Das Hinzuleeren des kochenden Wassers sollten Sie nur mit Schutzhandschuhen und langärmliger Kleidung ausführen!

4. Der Großteil der Pellets sollte innerhalb von Sekunden zerfallen. Sollten noch ganze Pellets verblieben sein, können Sie diese durch Schütteln des Kochtopfes oder mit einem sauberen Kochlöffel untermischen.
5. Vor dem Beimpfen muss das Substrat unter eine Temperatur von 35 °C abkühlen. Dazu kommt der Deckel auf den Topf und er wird über Nacht zum Abkühlen aufgestellt. Der Deckel verhindert, dass Kontaminationen aus der Luft in den Topf fallen. Es dauert etwa sechs bis acht Stunden, bis das Substrat ausreichend abgekühlt ist.
6. Die Brutbeutel werden erst direkt vor dem Beimpfen geöffnet. Pro Beutel werden etwa 10 % des Substratgewichts an Pilzbrut zugegeben (etwa 200 g Brut auf 2 kg Substrat).
7. Jetzt wird die benötigte Menge Pilzbrut in den Kochtopf gegeben und mit einem sauberen Kochlöffel gut eingemischt.
8. Die Mischung aus Substrat und Pilzbrut wird mit einem sauberen Schöpflöffel in Kunststoffbeutel gegeben.
9. Die Kunststoffbeutel sollten bis etwa zehn Zentimeter unter den Rand gefüllt werden. Der Beutel sollte so nah wie möglich am Substrat verschlossen werden.
10. In die Kunststoffbeutel sollten Sie sofort nach dem Verschließen Löcher machen, durch die die Pilze später rauswachsen können. Dazu schneiden Sie mit einem Messer mehrere, etwa zwei Zentimeter große Kreuze. Dadurch entstehen kleine „Plastikklappen“, die die Pilze beim Rauswachsen zur Seite drücken können.
11. Jetzt werden die Säcke zum Durchwachsen aufgestellt.
12. Zum Fruchten brauchen die Säcke einen kühlen, schattigen, feuchten Platz. Wenn nur ein eher trockener Platz vorhanden ist, sollten Sie die Säcke an den Löchern täglich ein- bis zweimal mit Wasser besprühen.

HINWEISE

- Die Plastiksäcke immer von außen auseinanderziehen. Diese sollten nicht im Inneren berührt werden, da sich auf den Fingerkuppen oft Keime befinden, die das Pilzwachstum beeinträchtigen können.
- Statt den Kunststoffbeuteln können Sie auch Joghurtbecher oder Plastikeimer verwenden.

HOLZPELLETS-METHODE

Die Pelletsmethode mit Laubholzpellets funktioniert gleich wie die Methode mit Strohpellets. Sie müssen jedoch auf ein paar wichtige Unterschiede achten. Statt gewöhnlichen Kunststoff-Filtersäcken benötigen Sie spezielle Pilzzucht-Filterbeutel. Außerdem wird das Substrat durch den Filtereinsatz davor geschützt, dass sich Schimmelsporen oder Bakterien aus der Luft ansiedeln können. Trotz-

Fruchtende Kräuterseitlinge Foto: LR

dem ist bei der Verwendung von Holzpellets die Kontaminationsgefahr etwas höher als bei Strohpellets, dafür kann eine größere Anzahl an verschiedenen Pilzen gezüchtet werden. Es wird genau nach denselben Arbeitsschritten wie bei der Pellets-Methode mit Strohpellets vorgegangen. Sobald das Substrat komplett durchwachsen ist, müssen Sie die unterschiedlichen Fruchtungsbedingungen für die jeweilige Pilzart einhalten.

Für welche Pilze eignet sich die Methode?

Die Methode ist für alle holzzersetzenden Pilze geeignet: Austernseitling, Sommer-Austernseitling, Zitronenseitling, Rosenseitling, Shiitake, Igelstachelbart, Glänzender Lackporling, Goldkäppchen, Judasohr, Pioppino, Klapperschwamm (Maitake), Buchenrasling, Schmetterlingstramete und Samtfußrübling.

HINWEISE

- Mit dieser Methode können Sie auch große Mengen an Sägespanbrut zum Beimpfen von Pilzbeeten oder Baumstämmen herstellen.
- Da Pilzzucht-Filtersäcke höhere Temperaturen aushalten, können Sie die Pellets und das kochende Wasser auch direkt in den Säcken mischen.

KREATIVE PILZZUCHT AUF TOILETTENPAPIER

Da Papier und Karton auch aus Holz oder natürlichen Fasern hergestellt werden, können bestimmte Pilzarten, wie Austernseitlinge, Zitronenseitlinge oder Rosenseitlinge auch darauf gezüchtet werden.

Pilze fruchten auf Toilettenpapier Foto: LR

Die folgende Methode erklärt die Pilzzucht auf Toilettenpapier.

Bei der Auswahl des Toilettenpapiers sollten Sie darauf achten, dass es sich um unbedrucktes, ungebleichtes und ungebleichtes und unparfümiertes WC-Papier handelt. Da Pilze sehr schnell Giftstoffe aus anderen Materialien in sich aufnehmen, sind die Pilze sonst nicht für den Verzehr geeignet.

Für welche Pilze eignet sich die Methode?

Austernseitlinge, Sommer-Austernseitlinge, Zitronenseitlinge und Rosenseitlinge

Material & Geräte

- Eine Rolle Toilettenpapier
- Pilzzucht-Filtersack
- Schutzhandschuhe
- Kabelbinder oder Klammern
- Pilzbrut

HINWEISE

- Die Plastiksäcke immer von außen auseinanderziehen. Diese sollten nicht im Inneren berührt werden, da sich auf den Fingerkuppen oft Keime befinden, die das Pilzwachstum beeinträchtigen können.
- Der Filtersack muss oberhalb des Filters verschlossen werden.

Arbeitsschritte

1. Tauchen Sie das Toilettenpapier auf der Rolle für ein bis zwei Minuten in kochen dem Wasser unter.
2. Lassen Sie es ein paar Minuten abtropfen.
3. Das Toilettenpapier wird in einen Filtersack gelegt.
4. Jetzt müssen Sie ein bis zwei Stunden abwarten, bis das Toilettenpapier auf eine Temperatur unter 35 °C abgekühlt ist.
5. Das Innere der Toilettenpapierrolle wird bis oben hin mit Pilzbrut gefüllt.
6. Auf die obere und untere Fläche streuen Sie zusätzliche Pilzbrut.
7. Nachdem Sie den Filtersack mit einem Kabelbinder oder einer Klammer verschlossen haben, stellen Sie ihn bei 20 °C zum Durchwachsen auf.
8. Nach spätestens zwei Wochen sollte klar zusehen sein, wie der Pilz die Toilettenpapierrolle besiedelt.
9. Nach etwa vier Wochen bzw. sobald die ersten kleinen Pilze auf der WC-Papierrolle zu sehen sind, wird der Filtersack an der Oberseite geöffnet. Die Rolle verbleibt jedoch im Filtersack.
10. Die Toilettenpapierrolle und später die fruchtenden Pilze sollten jeden Tag mit Wasser besprüht werden.

KOMBINATIONSMÖGLICHKEITEN MIT DEN GARTENMETHODEN

Es gibt mehrere Möglichkeiten die Pilzzucht in Behältnissen mit den Methoden für den Garten zu kombinieren. Wir wollen hier ein paar Vorschläge geben:

- Fertigkulturen, oder Substratblöcke, die mit den beschriebenen Methoden selbst hergestellt wurden, können auch im Gartenboden vergraben werden. Sie erhalten dadurch automatisch ausreichend Flüssigkeit und gehen für das Pilzwachstum förderliche Beziehungen mit anderen Bodenlebewesen ein.
- Behältnisse können dekorativ im Garten platziert werden und wachsen je nach Pilzart zu unterschiedlichen Saisonen.
- Das abgeerntete Substrat kann mit frischem Substrat für die Anlage eines Pilzbeetes gemischt werden.

Champignons im Gewächshaus Foto: SR

EXPERIMENTELLE ZUCHTMETHODEN

Die folgenden Methoden sind für etwas abenteuerlustige Pilzzüchter geeignet. Während bei allen vorigen Methoden der Erfolg (fast) nur von der richtigen Ausführung abhängt, spielen bei experimentellen Methoden auch sehr viele unbekannte Faktoren mit. Entscheidend für das Wachstum der experimentellen Pilzarten können die Bodenzusammensetzung, die umgebende Flora, Bakterienarten im Boden oder ein ganz bestimmter Temperatur- und Niederschlagsverlauf über das Jahr gesehen sein.

Es gibt bei den folgenden Pilzarten gewisse Hinweise darauf, worauf man achten sollte, um mit vielen Pilzen belohnt zu werden. Trotzdem spielt das Glück eine große Rolle.

TRÜFFEL

Trüffeln gehören zu den teuersten Delikatessen der Welt. In der Natur wachsen mehrere unterschiedliche Arten von Trüffeln. Drei davon gelten als Speisepilze: die Piemont-, die Périgord- und die Burgunder-Trüffel. Bei den teureren weißen Trüffeln (Piemont-Trüffel) liegt der Kilopreis bei 2.000–4.000 €, die etwas günstigeren schwarzen Trüffeln (Périgord-Trüffel) kosten etwa 800–1.500 € je Kilogramm. Burgunder-Trüffel erzielen Kilopreise von 300–600 €. Je nach Größe, Geschmack und Geruch steigt der Wert. Bei einer Versteigerung in der italienischen Stadt Alba im Piemont wurden im Jahr 2022 184.000 € für eine weiße Trüffel bezahlt.

Während in Deutschland und der Schweiz das Sammeln von wilden Trüffeln generell verboten ist, dürfen in Österreich in allen Bundesländern, mit Ausnahme von Kärnten, bis zu zwei Kilogramm Trüffeln pro Person und Tag gesammelt werden.

Weiße und schwarze Trüffeln sind eher in den wärmeren Regionen Norditaliens oder Südfrankreichs zu finden. Verschiedene andere Trüffelarten gibt es aber auch in Österreich, Deutschland und der Schweiz.

In den unzähligen Trüffelprodukten, die in europäischen Supermärkten erhältlich sind, sind nur sehr selten echte Trüffeln enthalten. Hier wird meist auf die wesentlich billigere und geschmacklich minderwertige chinesische oder Himalaya-Trüffel zurückgegriffen. Von dieser werden jedes Jahr rund 28 Tonnen nach Europa importiert oder geschmuggelt. Ein Teil dieser Trüffeln wird auch als Périgord-Trüffel oder gemischt mit diesen zu entsprechend höheren Preisen verkauft.

Der Unterschied zur echten Périgord-Trüffel lässt sich nur am Geschmack, nicht aber am Aussehen erkennen.

Trüffelpilze sind Mykorrhiza-Pilze. Sie leben in Symbiose mit bestimmten Baumarten. Verschiedene Trüffelarten bevorzugen unterschiedliche Bodenzusammensetzungen, Baumsorten und Klimabedingungen. Von den im Handel angebotenen Périgord-Trüffeln stammen bereits 90 % aus Plantagen.

Bei speziellen Anbietern können Trüffelbäumchen gekauft werden. Die Wurzeln dieser Bäumchen wurden bereits mit dem Pilzmyzel beimpft und sind schon eine Symbiose mit diesem eingegangen. Angebotene Baumarten sind Hainbuche, Eiche, Hasel und Schwarzkiefer. Der Erfolg einer Trüffelkultur kann nicht vorausgesagt werden, es gibt jedoch inzwischen gute Hinweise, auf welchen Standorten mit guten Erfolgsaussichten gerechnet werden kann. Die meisten Trüffelplantagen befinden sich in den traditionellen Trüffelsammelgebieten in Norditalien und Südfrankreich, da die angebotenen Trüffelkulturen ursprünglich aus diesen Regionen stammen. Doch auch in Österreich, Deutschland und der Schweiz werden immer öfter Trüffelplantagen angelegt. Eine weitere Schwierigkeit besteht darin, dass man, um die Trüffel zu finden, einen speziell ausgebildeten Hund benötigt.

Für eine Trüffelplantage mit einer Größe von einem Hektar muss mit einer Investition von knapp 25.000 € gerechnet werden. Für etwa 50 € pro Stück können aber auch einzelne Bäumchen für den eigenen Garten oder Obstgarten erworben werden.

Trüffel Foto: Josef Huber

Trüffelplantage Foto: Andrea Diesel

MORCHELN

Auch Morcheln können Sie mit etwas Glück im eigenen Garten anbauen. Es gibt inzwischen relativ gute Hinweise, welche Böden von Morcheln bevorzugt werden und wie Sie vorgehen müssen, damit die Pilze auch wachsen. In verschiedenen Provinzen in China bauen Landwirte Morcheln bereits seit mehr als zehn Jahren auf Getreidefeldern über die Wintermonate mit guten Erfolgen an. Dazu stellen sie nach der Getreideernte auf den Feldern temporäre Gewächshäuser auf, die die Morcheln vor zu tiefen Temperaturen schützen sollen. Nach der Morchelernte im Frühjahr bauen sie diese Gewächshäuser wieder ab und pflanzen das Getreide. Auch in Frankreich, Kanada, den USA und der Türkei gibt es seit ein paar Jahren Anbauversuche in größerem Stil. Die Pilze wachsen in der Natur oft in Auwäldern und bevorzugen lockere, sandige Böden.

Speise-Morcheln sind unter anderem an der Wabenmusterung des Hutes zu erkennen.
Foto: LR

Morcheln im Garten Foto: MF

Bei der Überschwemmung der Auwälder bringt das Wasser nährstoffreiche Flussablagerungen mit. Die Morchel benötigt viele Nährstoffe, um gut in den Boden einzuwachsen, um jedoch das Fruchtkörperwachstum auszulösen, benötigt das Myzel eine nährstoffarme Stelle im Boden. Der Boden sollte im Idealfall auch leicht alkalisch sein, also einen pH-Wert von 7,5–8 aufweisen.

Für den Anbau graben Sie im Frühjahr oder Herbst ein etwa 20 Zentimeter tiefes Beet. In diesem Beet verteilen Sie die Pilzbrut gleichmäßig. Dann schütten Sie die Brut mit einer Mischung aus Erde, Kompost und Laub zu.

Da Morcheln, wie auch alle anderen Pilze, Feuchtigkeit bevorzugen, sollten Sie das Beet bei Trockenheit gießen.

Im darauffolgenden Frühjahr, üblicherweise im März oder Mai, bei Temperaturen um die 10 °C können Sie mit einer möglichen Ernte rechnen. Da das Morchelmyzel oft im Erdreich wandert, können die Morcheln eventuell auch an Stellen außerhalb des Pilzbeetes auftreten.

Für den Anbau können Sie verschiedene Arten von Morcheln probieren. Die besten Erfahrungen gibt es mit der Speise-Morchel (*Morchella esculenta*).

WALDPILZE

Der österreichische Permakultur-Pionier Sepp Holzer hat auch interessante Methoden für die Zucht bzw. das Ansiedeln von Waldpilzen entwickelt, also die „Nachzucht" von Pilzen, die in einer Mykorrhiza-Verbindung mit anderen Bäumen leben – wie Eierschwammerl (Pfifferlinge), Steinpilze, Birkenpilze und viele andere.

Diese Methoden sind bisher nur wenig erprobt, die bisherigen Versuche sind aber vielversprechend.

Myzelvermehrung über Sägespäne

Die Methode wurde mit Birkenpilzen probiert, sollte aber auch mit anderen Mykorrhiza-Arten funktionieren. Stellen Sie eine Mischung aus feuchten Sägespänen von möglichen Symbiosebäumen und Walderde her. Diese Mischung wird unter jungen Pilzen, die im Wald wachsen ausgebracht. Sobald die Pilze ausgewachsen sind, fallen die Sporen auf die Substratmischung. Die Sporen beginnen zu keimen und fangen an ein Pilzmyzel auszubilden. Sammeln Sie dieses Substrat nach mehreren Wochen auf und graben es neben jungen Bäumen der Baumart, neben der die Pilze gefunden wurden, an mehreren Stellen in die Erde ein. Wenn Sie junge Bäume setzen, können Sie die durchwachsenen Sägespäne auch direkt mit den Wurzeln in die Erde einbringen. Mit etwas Glück geht das Myzel eine Mykorrhiza-Verbindung mit den Bäumchen ein und Sie können ein paar Jahre später an der Stelle Pilze ernten.

Weiterverbreitung von Pilzsporen

Diese Methode wurde mit Steinpilzen und Eierschwammerl (Pfifferlingen) erprobt, sollte aber wiederum auch mit anderen Mykorrhiza-Pilzen funktionieren.

Geben Sie geerntete Steinpilze in einen luftigen Kartoffel- oder Jutesack. Diesen Sack hängen Sie zum Trocknen auf. Sobald die Pilze getrocknet sind, gehen Sie mit dem Sack durch den Wald und schlagen gleichzeitig mit einem Stock darauf. Die Pilze verlieren so ihre Sporen. Dadurch, dass der Sack in einer gewissen Höhe gehalten wird, können sich die Sporen über eine sehr viel größere Fläche verteilen, als wenn sie nur ein paar Zentimeter vom Pilzhut zu Boden fallen. Idealerweise sollten Sie in der Nähe von Bäumen auf den Sack schlagen, neben denen die entsprechende Pilzart auch normalerweise wächst.

Als weitere Ausbaustufe können Sie den Sack mit den getrockneten Pilzen auch an einen Baum hängen. Sepp Holzer empfiehlt ein einfaches Konstrukt aus einer Metallplatte

Geschmackvolle Ausbeute eines Waldspaziergangs: Schopftintling, Maronenröhrling, Safranschirmling und Parasol. Foto: LR

und einem Holzstück an einem Seil zu bauen. Dieses Konstrukt kann neben den Sack gehängt werden. Sobald der Wind geht, bewegt dieser den Holzschlägel. Dieser wiederum klopft auf den Sack und schüttelt die Sporen aus den Pilzen.

UMGANG MIT SCHÄDLINGEN

Pilze werden nicht nur gerne von Menschen gegessen, sondern dienen auch anderen Säugetieren und Insekten als Nahrungsquelle. Wie jeder Gartenbesitzer weiß, können diese tierischen Besucher sehr hartnäckig sein, wenn sie einfachen Zugang zu Nahrung entdeckt haben. Es gibt mehrere Möglichkeiten mit ihnen umzugehen: rechtzeitig ernten, die Ernte teilen oder sich gewisse Schutzmaßnahmen einfallen lassen.

Grundsätzlich sind die Methoden ähnlich denen im Gartenbau. Sie sollten außerdem je nach Standort angepasst werden. Im diesem Kapitel werden die wichtigsten Arten von Schädlingen beschrieben und was sich gegen diese machen lässt.

SCHNECKEN

Die größten Konkurrenten, wenn es um die eigene Pilzernte geht, sind Schnecken. Allen voran die, auch von Gartenbesitzern gefürchtete, Spanische Wegschnecke. Da sowohl Pilze als auch Schnecken feuchtes Wetter bevorzugen, kommen dann, wenn Pilze wachsen, auch gerne die Schnecken hervor. Grundsätzlich helfen gegen Schnecken dieselben Methoden, die auch bei Gemüse zum Einsatz kommen.

Wird ein Schneckenbefall beobachtet, sollten die Pilze so schnell wie möglich geerntet werden. Im schlechtesten Fall kann über Nacht ein großer Teil der Ernte den Schnecken zum Opfer fallen. Ihnen sollte keine Gelegenheit geboten werden, sich zu ernähren, zu verstecken oder sich fortzupflanzen. Das heißt altes Pflanzenmaterial und verrottendes Holz sollten schnellstmöglich entfernt werden. Schnecken, die in der Nähe einer Pilzkultur gefunden werden, sollten von Hand aufgesammelt und entsorgt werden. Sie können auch mit Salatblättern angelockt und dann abgesammelt werden.

Schnecken fressen Pilze. Foto: LR

Für Pilzbeete oder Baumstämme können Sie Barrieren schaffen, die die Schnecken nicht überwinden, beispielsweise aus Kupfer oder Asche. Bei Hochbeeten kann an den Außenseiten eine scharfe Kante angebracht werden, von der sich die Schnecken fernhalten.

Wirksame natürliche Methoden zur Schneckenkontrolle sind Enten, die die Schnecken fressen und Hühner, die die Schneckeneier aufpicken. Nach der Anlage von Pilzbeeten soll Hühnern der Zugang dazu verwehrt werden.

SÄUGETIERE UND VÖGEL

Mäuse, Eichhörnchen und Hühner haben es vor allem auf die Körnerbrut abgesehen. Diese unerwünschten Besucher können bei Pilzbeeten zum Problem werden. Bei allen anderen Methoden ist der Zugang zur Pilzbrut nicht gegeben.

Wenn diese Tiere ein Problem darstellen könnten, sollten Sie Sägespanbrut verwenden. Außerdem können Sie Zäune, Gitter oder andere Barrieren errichten.

Hühner sind im Pilzbeet nicht willkommen. Foto: LR

FREMDPILZE

Bei den besprochenen Methoden bietet das vorbereitete Substrat nicht nur die perfekten Bedingungen für die Pilzart, die gezüchtet wird, sondern auch für viele andere Pilzarten. Da Pilze vom Myzel ausgehend schneller wachsen können als durch Sporenanflug, hat der jeweils angebaute Pilz einen Startvorteil. Es können sich dennoch andere Pilze ansiedeln. Diese können dem Zuchtpilz Nährstoffe streitig machen oder ihn attackieren. Unabhängig von der Methode sollte darauf geachtet werden, dass

- das Substrat ausreichend feucht ist oder feucht gehalten wird.
- sich kein überschüssiges Wasser bilden kann.
- das Substrat Zugang zu Frischluft hat.
- sich fremdes Myzel nicht durch unerwünschten Bodenkontakt ansiedeln kann.
- stark kontaminierte Substrate von gesunden ferngehalten oder entsorgt werden.

Fremdpilze im Kompostbeet Foto: LR

KÄFER

Bei Pilzstämmen können verschiedene Käferarten, wie beispielsweise der Bockkäfer, ein Problem darstellen. Diese graben sich in die Rinde und legen ihre Eier dort ab. Die Larven, die daraus schlüpfen, fressen die Schicht zwischen Holz und Rinde auf. Dadurch löst sich die Rinde ab und das Pilzmyzel beginnt auszutrocknen. Außerdem können die Käfer Pilzsporen von anderen Pilzarten in das Holz einbringen. Das beschriebene Phänomen kommt selten und nur an kleinen Stellen vor. Sollten doch größere Probleme auftreten, kann überlegt werden, die Pilzstämme mit einem feinmaschigen Netz zu umwickeln.

Die sogenannten Soldatenkäfer können manchmal auf Pilzkörpern gesehen werden. Diese ernähren sich nicht vom Pilz an sich, sondern von winzig kleinen Milben, die sich in den Lamellen des Pilzes verstecken. Die Käfer können nach der Ernte mit einem Pinsel abgewischt werden.

FLIEGEN

Maden haben dieses Substrat zerfressen. Foto: MF

Die sogenannten Taufliegen (Essig-, Obst- oder Fruchtfliegen) ernähren sich gerne von Austernseitlingen. Sie fühlen sich bei Temperaturen über 20 °C am wohlsten, kommen aber auch bei geringeren Temperaturen vor. Die ausgewachsenen Fliegen legen ihre Eier im Pilzsubstrat ab. Die Larven, die aus den Eiern schlüpfen, ernähren sich von Pilzmyzel und fressen nach und nach den Substratblock auf.

Fliegen stellen vor allem bei der großflächigeren Pilzzucht in Innenräumen ein Problem dar. Für die kleine Hobbypilzzucht können Fliegen ignoriert werden. Für ambitionierte Hobbyzüchter werden im Folgenden mehrere Methoden vorgestellt, um die Fliegen unter Kontrolle zu halten bzw. einen Befall zu vermeiden:

- Saubere Arbeitsmethoden beim Herstellen des Substrats
- Ausreichende Frischluftzufuhr der Zuchträume – Insektengitter, Luftfilter
- Aufhängen von Insektenfallen (Gelbtafeln)
- Reduktion der Anzahl an Erntewellen bei höheren Temperaturen

VERTIEFUNG IN DIE PILZZUCHT

Wer schon Erfahrungen in der Pilzzucht hat bzw. gleich etwas tiefer in die Thematik eintauchen möchte, findet in den folgenden Kapiteln unter anderem Anleitungen, wie Pilzbrut kostengünstig vermehrt wird und wie mit etwas Übung Pilze aus dem Wald nachgezüchtet werden können.

Die folgenden Methoden sollten Sie immer in einer sogenannten Still-Air-Box (SAB) oder vor einem Laminar-Air-Flow (LAF) durchführen. Grundsätzlich funktionieren die Methoden in einigen Fällen auch ohne SAB oder LAF, jedoch ist die Kontaminationsrate deutlich höher.

Meist sind ein paar Versuche erforderlich, bis die Vermehrung ohne Kontaminationen funktioniert. Wenn eine Kontamination auftritt, liegt es in den meisten Fällen an einer unsauberen Arbeitsweise. Da Luft niemals komplett „rein" sein kann, kommt es auch bei der allersaubersten Arbeitsweise gelegentlich zu kontaminierten Säcken.

BRUT SELBST VERMEHREN

Dübelbrut

Mit dieser einfachen Methode können Sie Dübelbrut auch selbst herstellen.

Für welche Pilze eignet sich die Methode?

Dübelbrut kann für alle holzzersetzenden Pilzarten hergestellt werden.

Material & Geräte

- Holzdübel (8 x 30 mm)
- Pilzbrut (Dübel, Körner- oder Sägespanbrut)
- Kochtopf
- Druckverschlussbeutel
- Einweghandschuhe

Arbeitsschritte

1. Geben Sie die Holzdübel in einen mit Wasser gefüllten Topf und kochen Sie sie eine Stunde auf mittlerer Hitze.
2. Die Dübel werden kurz in einem Küchensieb entwässert und in den Druckverschlussbeutel gefüllt.
3. Verschließen Sie den Beutel.
4. Wenn die Dübel auf unter 35 °C abgekühlt sind, geben Sie eine kleine Menge fertig besiedelte Impfdübel, Körnerbrut oder Sägespänbrut in den Beutel.
5. Verschließen Sie den Sack wieder.
6. Nach drei bis vier Wochen bei 20 °C ist die Dübelbrut fertig durchwachsen und kann verwendet werden.

HINWEISE

- Die Plastiksäcke immer von außen auseinanderziehen. Diese sollten innen nicht berührt werden, da sich auf den Fingerkuppen oft Keime befinden, die das Pilzwachstum beeinträchtigen können.
- Sie können auch einen gewöhnlichen Tiefkühlbeutel verwenden, hier wird der Rand nach dem Beimpfen glattgestrichen und umgeschlagen. Der Beutel wird auf den umgeschlagenen Rand gelegt. So kann genug Luft in den Beutel, um das Myzel während des Wachstums mit Sauerstoff zu versorgen, aber nicht so viel, dass sich Kontaminationen ansiedeln können.
- Wenn das Myzel nach einer Woche nicht gleichmäßig über den Sack verteilt wächst, sollten die Dübel durch Kneten voneinander gelöst und der Sack nochmals geschüttelt werden.
- Zipper-Beutel sollten nicht verwendet werden. Diese schließen meist luftdicht ab. Das Myzel erhält in diesem Fall nicht genügend Sauerstoff und erstickt.

Sägespanbrut

Die Herstellung von Sägespanbrut funktioniert gleich wie die Pellets-Methode für Laubholzpellets. Der einzige Unterschied besteht darin, dass die Beimpfung der Säcke in einer Still-Air-Box erfolgen sollte. Somit können Sie relativ schnell und einfach große Mengen an Sägespanbrut zum Beimpfen von Pilzbeeten oder Baumstämmen herstellen.

Brutherstellung aus Myzel- oder Sporenspritze

Die Beimpfung mit Myzel- oder Sporenspritzen ist eine Methode, die in den letzten Jahren stark an Popularität dazugewonnen hat. Die Herstellung von Pilzbrut mithilfe einer Myzelspritze ist eine einfache und sichere Art der Vermehrung.

Eine Myzelspritze enthält sogenanntes Flüssigmyzel. Das ist Pilzmyzel, das in einer sterilen Nährstofflösung gewachsen ist und mit einem Mixer zerkleinert wurde. Das Myzel wird durch den Mixer in unzählig viele kleine Fragmente aufgespalten. Nach dem Beimpfen besiedelt der Pilz von jedem dieser Fragmente ausgehend die Getreidekörner.

Eine Sporenspritze beinhaltet in sterilem Wasser aufgelöste Pilzsporen. Nach dem Beimpfen bzw. sobald die Sporen auf frisches Substrat treffen, keimen sie und bilden in weiterer Folge das Myzel aus.

HINWEISE

- Damit die Methode funktioniert, muss sehr sauber gearbeitet werden.
- Sobald das Myzel das ganze Substrat besiedelt hat (der Sack ist weiß), kann die Pilzbrut verwendet werden.

Material & Geräte

- Myzel- oder Sporenspritze
- Vorsterilisierter Körnerbrutsack mit Impfstopfen
- Hochprozentiger Alkohol (70 % Ethanol oder Isopropanol)
- Spiritusbrenner, Feuerzeug, Gasbrenner

Arbeitsschritte

1. Der Impfstopfen wird mit einem in Alkohol getränkten Küchentuch abgewischt.
2. Die Schutzkappe der Nadel wird vorsichtig abgenommen.
3. Die Spritze wird durch den Impfstopfen in den Sack eingestochen.
4. Der Sack wird mit dem Inhalt der Spritze beimpft.

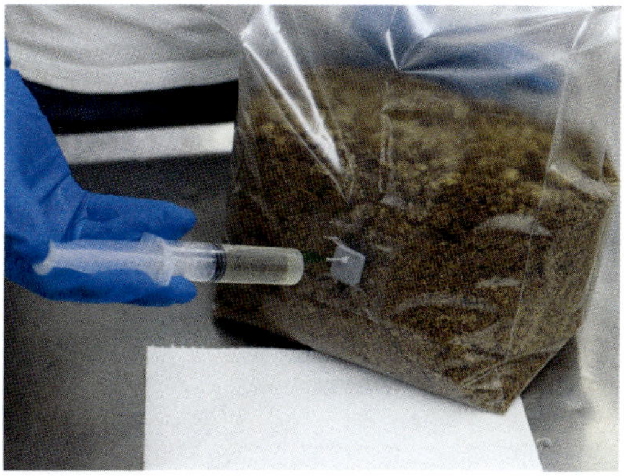
Beimpfen mit der Spritze Foto: LR

5. Nach dem Beimpfen wird der Sack vorsichtig geschüttelt, sodass sich das Myzel oder die Sporen gleichmäßig im Sack verteilen.
6. Nun wird der Sack bei Raumtemperatur zum Durchwachsen aufgestellt.
7. Nach sieben bis zehn Tagen, sobald das Myzel ein bis drei Zentimeter große Kreise gebildet hat – also über die Brut verteilt viele weiße Punkte zu sehen sind –, wird der Sack erneut durchgeschüttelt.
8. Sobald die Pilzbrut komplett weiß bewachsen ist, kann sie zum Beimpfen für alle beschriebenen Methoden verwendet werden.

HINWEISE

• Die Nadel der Spritze sollte nicht mit den Fingern oder anderen Gegenständen berührt werden. Wenn das trotzdem passiert ist oder die Spritze wiederverwendet werden soll, muss sie wieder sterilisiert werden. Dazu wird die Myzel- oder Sporenspritze über eine offene Flamme gehalten, bis die Nadel rot glüht. Danach sollte sie etwa eine Minute abkühlen.

• Mit einer Spritze können auch Brutsäcke ohne Impfstopfen beimpft werden. Dazu gehen Sie wie folgt vor: Befeuchten Sie ein Küchentuch mit Alkohol. Dann wird eine etwa 5 x 5 Zentimeter große Stelle am Brutsack mit dem Küchentuch abgewischt (desinfiziert). Die Nadel wird an dieser Stelle eingestochen und die Impfstelle mit einem Klebeband verschlossen.

• Im Fachhandel sind auch Glasbehälter mit vorsterilisierter Körnerbrut erhältlich.

• Mit der Spritze kann auch direkt ein Sack mit vorsterilisiertem Substrat beimpft werden aus welchem später Pilze wachsen.

SPORENABDRUCK

Von allen Pilzen, die Sporen aussenden, kann auch ein Sporenabdruck erstellt werden. Der Sporenabdruck kann ein wichtiges Hilfsmittel bei der Bestimmung von gesammelten Pilzen sein.

Material & Geräte

- Frischer Pilzkörper
- Glasbehälter
- Weißes oder farbiges Blatt Papier

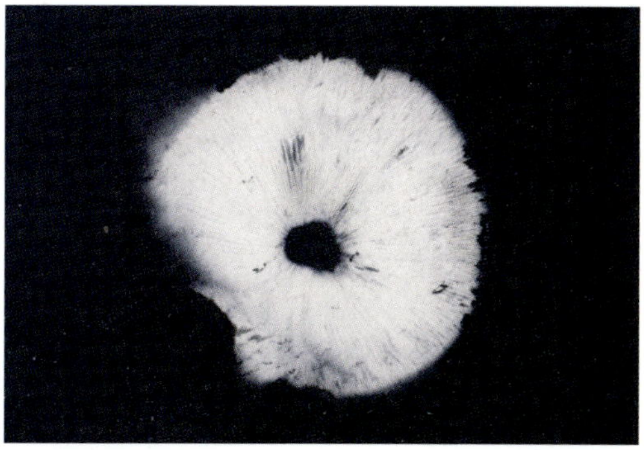
Sporenabdruck eines Shiitake-Pilzes Foto: SR

Arbeitsschritte

1. Zuerst trennen Sie mit einem Messer den Pilzstamm vom Pilzhut.
2. Geben Sie den Pilzhut auf das Blatt Papier, mit den Lamellen nach unten.
3. Jetzt wird der Pilzhut mit einem Glas oder einer Schale zugedeckt – so bleibt die Feuchtigkeit erhalten, die notwendig ist, damit sich die Sporen lösen.
4. Lassen Sie den Pilze acht bis zwölf Stunden liegen, dann entfernen Sie den Pilzhut und dessen Abdeckung.
5. In dieser Zeit hat der Pilz mehrere 100.000 bis Millionen von Sporen auf das Papier fallengelassen. Dank der großen Anzahl sind diese nun gut zu sehen.

HINWEISE

- Bei Pilzen, die weiße Sporen aussenden, sollte farbiges Papier verwendet werden.
- Die Farbe der Lamellen stimmt bei den meisten Pilzarten nicht mit der Farbe der Sporen überein.
- Es ist schwerer Sporenabdrücke von kleinen und dünnen Pilzen zu nehmen, weil diese sehr schnell austrocknen.
- Der Sporenabdruck kann auch auf einer sauberen Glasplatte angelegt werden, um ihn unter dem Mikroskop zu beobachten.
- Mit dickerem Papier sieht der Sporenabdruck sauberer aus.
- Die Farbe der Pilzsporen ist auch ein wichtiges Erkennungsmerkmal beim Sammeln von Waldpilzen.
- Sollte der Pilzhut schon sehr trocken sein, kann er mit einer Sprühflasche wieder leicht befeuchtet werden.
- Wenn der Sporenabdruck noch nicht oder nur sehr schwach zu sehen ist, sollte der Pilz noch länger liegen gelassen werden.
- Die Pilzsporen der meisten Pilzarten sind entweder weiß oder in verschiedenen Brauntönen.

PILZBRUT AUF WELLPAPPE

So können Sie Ihre eigene Pilzbrut zum Beimpfen von Pilzbeeten herstellen.

Für welche Pilze eignet sich die Methode?

Austernseitling, Zitronenseitling, Rosenseitling, Riesenträuschling und Kräuterseitling

Material & Geräte

- Mehrere frische Pilze
- Wellpappe
- Plastikwanne mit Deckel

Arbeitsschritte

1. Legen Sie drei Schichten Wellpappe in eine Wanne.
2. Geben Sie genau so viel heißes Wasser dazu, dass das Wasser von der Wellpappe aufgesaugt wird.
3. Warten Sie, bis die Wellpappe auf Raumtemperatur abgekühlt ist.
4. Entfernen Sie die oberste Lage Wellpappe und legen Sie die Pilze in einem Abstand von fünf bis zehn Zentimetern auf die unteren Schichten.

Das Myzel breitet sich von den Pilzen ausgehend über die ganze Wellpappe aus. Foto: SR

5. Geben Sie die oberste Lage wieder über die Pilze.
6. Legen Sie den Deckel auf die Wanne, sie sollte jedoch nicht luftdicht verschlossen werden.

HINWEISE

- Achten Sie darauf, dass die Enden der Pilzstämme gut auf der Wellpappe aufliegen. Hier besitzt der Pilz das aktivste Myzel.
- Umso frischer der Pilz, desto schneller wächst das Myzel weiter.
- Verwenden Sie nur unbehandelte Wellpappe. Behandelte oder bedruckte Wellpappe könnte Chemikalien enthalten, die das Pilzwachstum hemmen und gesundheitsschädigende Wirkung haben könnten.
- Mit der Methode können nicht nur Pilze aus der Natur nachgezüchtet werden, sondern genauso jene aus dem Supermarkt.

7. Kontrollieren Sie das Wachstum alle drei bis fünf Tage, wenn die Wellpappe zu trocknen beginnt, geben Sie so viel Wasser zu, bis die Wellpappe wieder feucht ist.
8. Sobald die Wellpappe komplett vom Myzel besiedelt ist, kann Sie zum Beimpfen von Pilzbeeten verwendet werden.

STILL-AIR-BOX

Wie baue ich eine SAB?

Die sogenannte „Still-Air-Box" oder SAB ist ein unverzichtbares Hilfsmittel in der ambitionierten Hobbypilzzucht. Mit dieser kann der Kontaminationsfaktor Luft auf ein Minimum reduziert werden.

Wie der Name schon sagt, sorgt die SAB dafür, dass die Luft stillsteht. Kontaminationen kommen vor allem über Luftverwirbelungen zustande. Eine SAB schafft also einen begrenzten Raum, wo sich die Luft nicht bewegen kann und sich Kontaminationen nur schwer ausbreiten können.

Eine SAB ist sehr einfach, günstig und schnell zu bauen und reicht für die meisten, auch sehr fortgeschrittenen, Pilzzucht-Anwendungen aus.

Material & Geräte

- Durchsichtige Plastikbox mit Deckel (mindestens 60 x 30 x 40 cm)
- Einseitig offene Alu- oder Blechdose mit einem Durchmesser von 10 cm
- Schleifpapier
- Handschuhe

Arbeitsschritte

1. Zeichnen Sie den Standort der Öffnungen für die Hände auf der Plastikbox an.
2. Erhitzen Sie den oberen Rand der Dose auf einer Herdplatte.
3. Greifen Sie die erhitzte Dose mit den Handschuhen an und schmelzen Sie Löcher an den angezeichneten Stellen in die Box, durch die später die Hände in diese Box gelangen können.
4. Schleifen Sie mit dem Schleifpapier die Innenränder der Löcher ab, sodass Sie sich später beim Arbeiten in der SAB nicht verletzen können.

Richtiges Arbeiten in einer Still-Air-Box

Jeweils vor dem Arbeitsbeginn sollten folgende Schritte ausgeführt werden:

- Die Innenwände der SAB werden mit Alkohol desinfiziert.

Konstruktion einer Still-Air-Box Foto: SR

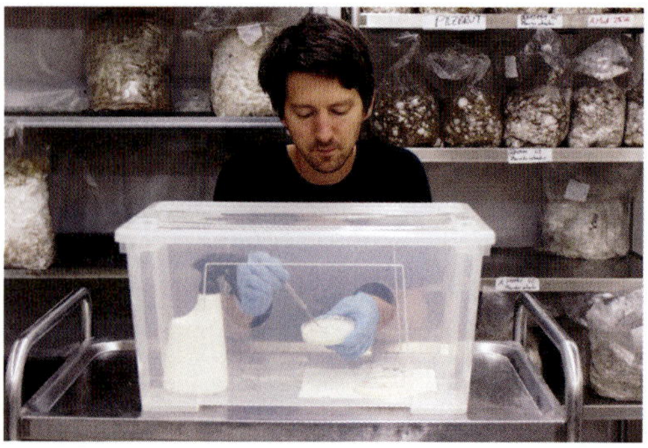

Arbeit in der Still-Air-Box Foto: LR

- Im Innenraum der SAB wird etwas Wasser mit einem Schuss Seife gesprüht. Das Wasser bindet Partikel, die sich in der Luft befinden und hält diese am Boden der SAB fest.
- Die Materialien und Werkzeuge werden in die SAB gegeben und gegebenenfalls mit Alkohol abgewischt.
- Es werden Einweghandschuhe angezogen oder die Hände sauber gewaschen.
- Hände und Unterarme werden mit Alkohol desinfiziert.
- Ein offene Flamme zum Sterilisieren der Werkzeuge sollte sich außerhalb der Box befinden.
- Arbeiten Sie langsam und behutsam!
- Eine kleine falsche Bewegung oder Berührung kann eine Kontamination zur Folge haben.

HINWEISE

- **Beim Hantieren mit der erhitzten Dose muss vorsichtig gearbeitet werden.**
- **Das Design kann noch weiter verfeinert werden, indem mit einem Klebeband oberhalb der Löcher ein Stück Folie befestigt wird, das von oben ein paar Zentimeter über die Löcher hängt. Wenn man in der Box arbeitet, wird die Folie angehoben und schützt so zusätzlich davor, dass Kontaminationen über die Löcher in die SAB gelangen können.**
- **Umso größer die Box ist, desto angenehmer lässt sich darin arbeiten.**
- **Die Löcher können auch mit einer Schere, einer Laubsäge oder einem Messer geschnitten werden.**
- **Schließen Sie beim Arbeiten in der SAB die Tür des Raumes, in dem Sie arbeiten, um auch Luftverwirblungen im Raum zu vermeiden.**

FRUCHTUNGSKAMMER

Wie baue ich eine Fruchtungskammer?

Wer bereits Erfahrung mit der Pilzzucht im Hochsommer oder in zu trockenen Wohnräumen hat, hat sicher eines schon herausgefunden: Pilze trocknen sehr schnell aus. Da die meisten Pilze im Freien bei herbstlich, feuchten Luftbedingungen wachsen, müssen diese auch in der Pilzzucht vorherrschen.

Die einfachste Methode für Pilze ein feuchtes Klima zu schaffen, ist tägliches Besprühen mit einem Wassersprüher. Es gibt jedoch auch noch arbeitsschonendere Möglichkeiten, um ein für Pilze ansprechendes Klima zu erhalten.

Plastiksack

Mit einem einfachen, idealerweise durchsichtigen Plastiksack lässt sich sehr schnell ein für das Pilzwachstum geeignetes Mikroklima schaffen.

Material & Geräte

- Großer Plastiksack (z. B. Müllsack) – Größe je nach Größe der Pilzkultur
- Messer

Arbeitsschritte

1. Es wird ein Plastiksack ausgewählt, der sich gut über die Pilzkultur stülpen lässt und außerdem groß genug ist, damit die Pilze im Inneren ausreichend Platz zum Wachsen haben.
2. Besprühen Sie den Sack auf der Innenseite großzügig mit Wasser und stülpen Sie ihn lose über die Pilzkultur.
3. Alle zwei bis drei Tage sollte kontrolliert werden, ob der Sack an der Innenseite noch feucht ist. Wenn das nicht mehr der Fall sein sollte, müssen Sie den Sack vorsichtig abnehmen und an der Innenseite nochmal mit Wasser besprühen.

Ein Plastiksack kann als Fruchtungskammer genutzt werden. Foto: LR

HINWEISE

- Der Sack sollte nicht zu eng anliegen, damit die Pilze ausreichend Platz zum Wachsen haben.
- Die meisten Pilzarten benötigen Licht, um einen schönen Fruchtkörper auszubilden. Verwenden Sie nach Möglichkeit einen durchsichtigen Sack.
- Sollten die Pilze unter dem Sack zu wenig Luft bekommen, können Sie mehrere Luftlöcher schneiden oder stechen.

Bau eines Pilzzuchtgewächshauses

Mit etwas Geschick können Sie aus Materialien, die in jedem Baumarkt zu finden sind, ein eigenes Pilzzuchtgewächshaus bauen.

Material & Geräte

- Gewächshausfolie oder durchsichtige Plastikfolie
- Ultraschallvernebler
- Regal mit Gitterböden
- Klebeband

Arbeitsschritte

1. Bauen Sie das Regal auf.
2. Schneiden Sie die Gewächshausfolie auf die Größe des Regals zu und befestigen Sie sie, wenn notwendig, mit Klebeband.
3. Stellen Sie auf die unterste Etage des Regals einen Ultraschallvernebler.

HINWEISE

- Stellen Sie das Gewächshaus an einem Standort auf, an dem die passenden Temperaturen für das Wachstum der jeweiligen Pilzart herrschen.
- Zum einfacheren Ein- und Ausräumen der Pilzkulturen kann ein Fenster in die Gewächshausfolie geschnitten werden.
- Sollte das Regal in Wohnräumen aufgestellt sein, ist eine zusätzliche Abtropfwanne unter dem Regal empfehlenswert.
- Ergänzend können Sie das Gewächshaus mit einem Lüftungsgebläse, das an einer Steckdose mit Zeitschaltuhr hängt, ausstatten. Die Lüftung sollte die frische Luft von oben in das Gewächshaus blasen.

Beispiel für ein Pilzzuchtgewächshaus Foto: LR

Hydroponik-Zelte eignen sich auch für die Pilzzucht. Foto: SR

Anbauzelte für Hydrokulturen

Für die Zucht von größeren Mengen an Pilzen in Innenräumen eignen sich Anbauzelte für Hydrokulturen sehr gut. Diese Zelte sind in Größen von 60 x 60 x 140 Zentimeter bis zu 6 x 6 x 2 Meter erhältlich und werden für den ganzjährigen Anbau von Pflanzen in Innenräumen verwendet. Sie besitzen Öffnungen für Zuluft und Abluft, eine LED-Beleuchtung und können für die Pilzzucht zusätzlich mit einem Luftbefeuchter ausgestattet werden.

VERARBEITUNG VON PILZEN

Die Basis für die Verarbeitung von Pilzen bildet das Wissen um die Bestimmung von Pilzen. Nur eindeutig bestimmte und verzehrtaugliche Pilze dürfen verarbeitet werden. Laut österreichischem Lebensmittelbuch (*Codex Alimentarius Austriacus*) gilt folgende Definition: „Frischpilze sind sensorisch einwandfrei, nicht überreif, nicht übermäßig wässrig und nicht sichtbar verschimmelt. Sie sind weitgehend von Erde, Blättern und Nadeln befreit und nicht erheblich durch Madenbefall verändert."

MERKMALE VON ERNTEREIFEN PILZEN

Pilze mit Hüten haben ihr perfektes Erntestadium erreicht, wenn die Kappe noch leicht nach unten gebogen ist, und sich, bis auf wenige Ausnahmen (z. B. Goldkäppchen/Nameko), trocken und kühl anfühlt.

Der Igelstachelbart zeigt seine Erntereife mit dem Ausbilden der „Stacheln", die Köpfe des Schopftintlings müssen weiß und noch geschlossen sein, die Judasohren sollen noch eine erkennbare Schüsselform aufweisen.

VERWENDUNG VON FRISCHEN PILZEN

Frische Pilze können vielseitig in der Küche eingesetzt werden. Je nach Art der Pilze kann der Stiel mitverwendet werden – dies ist in den meisten Rezepten, die veröffentlicht sind, erwähnt.

Ob für das Zerkleinern von Pilzen ein Messer, eine Küchenmaschine oder doch die Finger verwendet werden, ist abhängig von der gewünschten Textur der Pilze in den Speisen. Nicht alle Pilze eignen sich zum Zerkleinern mit den Fingern. Hervorragend geht es aber bei den Seitlingen (Austern-,

INFO

Verzichten Sie möglichst darauf, Speisepilze zu waschen oder abzubürsten. Geben Sie dem Abpinseln oder Ausschneiden den Vorzug. Wenn das Waschen nötig erscheint, soll das nur kurz und unter fließendem Wasser erfolgen. Danach sollten Sie die Pilze auf einem Küchentuch zum Abtropfen auflegen, damit sie sich nicht mit Wasser vollsaugen.

Sommer-Austern-, Rosen- und Zitronenseitling) sowie dem Klapperschwamm (Maitake), indem von der Hutkappe ausgehend entlang der Lamelle der Fruchtkörper des Pilzes auseinandergezupft wird.

Für alle Frischpilze in der Zubereitung gilt: So spät wie möglich salzen. Durch zu frühes Salzen wird den Pilzen das Wasser zu stark entzogen und sie werden zäh.

Welche Menge an Pilzen man verträgt, ist individuell verschieden. Durch regelmäßigen Verzehr und durch Mengensteigerungen kann die persönliche Toleranz erhöht werden, vorausgesetzt es liegen keine gesundheitlichen Störungen vor.

Durch das Zerkleinern der Pilze und eine längere Garzeit kann die Verdaulichkeit von Pilzen in Speisen positiv beeinflusst werden.

PILZE TROCKNEN

Das Trocknen von Pilzen wird schon seit Jahrhunderten als Möglichkeit der Bevorratung eingesetzt. Bis auf wenige Ausnahmen erreicht man durch das Trocknen der Pilze eine Intensivierung der Aromen. Bei den Wildpilzen werden bevorzugt Steinpilze, Totentrompeten und die Stiele von Parasolen getrocknet. Eierschwammerl zählen zu den Pilzen, die durch das Trocknen an Aroma verlieren und besser durch Tiefkühlen oder Einlegen konserviert werden.

Für ein gutes Trockenergebnis der Pilze ist es Voraussetzung, dass die Fruchtkörper in möglichst gleichmäßige Teile geteilt werden. Ob geschnitten oder gezupft wird, hat auf das Aroma keinen Einfluss. Es gibt mehrere Möglichkeiten Pilze zu trocknen.

Pilze an der Luft trocknen

Die besten Voraussetzungen für luftgetrocknete Pilze sind im Sommer, wenn die Temperaturen um die 30 °C erreichen. Dazu werden die Pilze auf ein Gitter oder Tuch aufbereitet, das möglichst von allen Seiten belüftet wird. So wird sichergestellt, dass auch Stellen, an den Pilze übereinanderliegen oder etwas dicker sind, rasch abtrocknen und die Gefahr von Schimmelbildungen vermieden wird. Werden die Pilze in der Sonne getrocknet, können sie außerdem Vitamin D2 bilden, und als gute Vitaminlieferanten für den Winter eingesetzt werden. Idealerweise werden die Pilze während des Trockenvorgangs gelegentlich bewegt.

Sind die Pilze über Tag gut abgetrocknet, aber rascheln in den Händen noch nicht durchgängig, sollten sie die Nacht über im Haus sein, da in den Nächten die Luftfeuchtigkeit im Freien ansteigt und den Trocknungsprozess so in die Länge zieht.

Nach zwei Tagen sollten die Pilze ausreichend getrocknet sein. Lagerfähige Pilze lassen sich in der Hand laut raschelnd zerdrücken.

Pilze im Backrohr trocknen

Für das Trocknen im Backrohr gilt, wie auch für das Trocknen im Freien, eine gute Rundumbelüftung ist für die Qualität der Trockenpilze ausschlaggebend. Gibt es ausreichend Gitter für das Backrohr sind diese den Blechen vorzuziehen. Die Gitter bzw. Bleche werden mit Backpapier ausgelegt und mit den in Scheiben geschnittenen oder zerzupften Pilzen belegt. Nach Möglichkeit wird das Backrohr auf max. 40 °C – besser 35 °C – mit Heißluft eingestellt. Die Backrohrtür wird leicht geöffnet – dazu kann ein Löffelstiel oder ähnliches zwischen Tür und Backrohrblende eingeklemmt werden. So kann die Feuchtigkeit schneller aus dem

Backrohr entweichen, was den Trockenprozess beschleunigt. Gerne können die Pilze während des Trockenvorgangs umgeschichtet werden. Je nach Ausgangsfeuchtigkeit und Dicke der Pilzstücke kann das Trocknen sechs bis acht Stunden dauern. Ausreichend getrocknete Pilze rascheln in der Hand beim Zusammendrücken.

Pilze im Dörrautomat trocknen

Sehr gute Ergebnisse lassen sich im Dörrautomat erzielen. Aufgrund der dauernden Luftzufuhr und der Zirkulation trocknen Pilze sehr gleichmäßig. Idealerweise verfügt das Dörrgerät über eine Temperaturregelung und intervallartige Luftstromzyklen. Durch abwechselnde Warm- und Kaltluftströme kann die Feuchtigkeit besser aus den Zellen abgeführt werden und die Pilze trocknen schneller. Die optimale Trockentemperatur liegt zwischen 30–35 °C. Je nach Menge und Dicke der Pilze dauert der Prozess zwischen sechs und zehn Stunden.

Lagerung von getrockneten Pilzen

Um eine gute Lagerfähigkeit der Pilze zu erreichen, sollten sie max. 10–12 % Restfeuchte aufweisen. Das ist daran zu erkennen, dass sie beim Zusammendrücken in der Hand deutlich rascheln. Getrocknete Pilze haben die Eigenschaft, Feuchtigkeit aus der Luft aufzunehmen. In den Wohnräumen beträgt die Luftfeuchtigkeit meist zwischen 40–60 %. Offen gelagerte Pilze würden rasch zäh werden und neigen zur Schimmelbildung.

Pilze trocknen Foto: MF

Am besten werden getrocknete Pilze in kleinen Gläsern, in geeigneten Beuteln unter Vakuum verschlossen oder in gut verschließbaren Dosen aufbewahrt.

Bemerkt man, dass sie nicht mehr rascheln, ist ein sofortiges Nachtrocknen – wenn noch keine Schimmelbildung sichtbar ist – vor der weiteren Lagerung erforderlich.

Getrocknete Pilze lassen sich hervorragend zu Pulver verarbeiten. Dazu die getrockneten Pilze – sortenrein oder vermischt – in einer sauberen Kaffeemühle bis zum gewünschten Grad zermahlen. Intervallartiges Bedienen der Mühle führt zu besseren Ergebnissen als ein Dauerlauf.

Das Pilzpulver in gut verschließbare Gläser geben oder mit Salz und/oder getrockneten Kräutern nach Belieben vermischen.

PILZE TIEFKÜHLEN

Pilze können sehr gut tiefgekühlt werden. Pilze, die eingefroren werden, sollen gut gereinigt, aber nicht nass sein. Am besten werden die Pilze zubereitungsfertig eingefroren. Damit ist gemeint, dass Austernseitlingskappen oder Champignons zum Beispiel schon paniert, Shiitake entsprechend geschnitten sind, wenn sie in den Gefrierschrank kommen.

Je dünner die Pilze sind und je schneller sie durchgefrieren, desto weniger Qualitätsverluste gibt es. Bei tiefgekühlten Pilzen ist zu beachten, dass sie tiefgekühlt weiterverwendet werden. Damit ist gemeint, dass die vorpanierten Pilze direkt aus dem Tiefkühlgerät in das heiße Fett gegeben werden oder geschnittene Pilze im tiefgekühlten Zustand in die heiße Pfanne oder Suppe kommen.

Beim Auftauen tritt Wasser aus den Zellen aus, die Pilze liegen in diesem ausgetretenen Wasser und der Verwesungsprozess startet. Dies gilt vor allem für Wildpilze oder im Freien gezogene Pilze.

PILZE FERMENTIEREN

Pilze können mit Milchsäurebakterien fermentiert werden. Gut geeignet sind Kopfpilze, wie Champignons, kleine Kräuterseitlinge, Shiitake oder Pioppino. Beim Fermentieren mit Milchsäurebakterien ist meist eine Starterkultur (z. B. Sauerkrautsaft oder Brottrunk) notwendig, da auf den Pilzen meist zu wenig dieser Bakterien vorhanden sind.

Die Pilze werden vorab immer kurz blanchiert. Die Lake, eine Mischung aus Wasser und Salz, soll einen Salzanteil von 6–18 % aufweisen. In den meisten Rezepten ist auch etwas Zucker angegeben. Dieser dient den Milchsäurebakterien zu Beginn als Nahrung, damit sie sich ausreichend vermehren können. Ergänzend können Zwiebel, Knoblauch, Kräuter und Gewürze in das Fermentierglas gegeben werden. Die Lake muss die gesamten Pilze abdecken. Dann das Glas mit einem Deckel bedecken, aber nicht luftdicht abschließen. Bei Zimmertemperatur fermentieren die Pilze binnen zwei bis sechs Tagen. Je länger die Fermentation dauert, desto säuerlicher wird der Geschmack. Durch kalte Lagerung wird die Fermentation unterbrochen, und die Pilze sind etwa zwei Monate haltbar.

PILZE MIT ESSIG ODER ÖL KONSERVIEREN

Kleine und/oder feste Pilze können sehr gut eingelegt werden. Für diese Art der Haltbarmachung werden die Pilze von den Substratresten befreit, auf dieselbe Größe gebracht und kurz erhitzt, bevor sie in Gläser gefüllt mit Essigsud oder mit Öl übergossen werden.

Je nach Vorliebe werden die einzulegenden Pilze um weitere Aromazutaten, wie Lorbeerblätter, Thymian, Rosmarin, Pfeffer, Knoblauch, Zwiebel, Senf, Zucker etc. ergänzt. Die Auswahl des Essigs bzw. Öls entscheidet maßgeblich über den Geschmack.

Nach einer Reifezeit im Glas von zwei bis drei Wochen haben die Pilze das volle Aroma ausgebildet und können als Antipasti, zur herzhaften Jause oder als Zutaten in verschiedenen Gerichten verwendet werden.

Für **Ansatzessige** können sowohl getrocknete als auch frische Pilze verwendet werden. Je mehr Aroma die Pilze haben, desto intensiver geht das Aroma in den Essig über. Für Ansatzessige die Pilze sauber putzen, in ein großes Glas geben und mit dem gewünschten Essig übergießen. Das Glas gut verschließen und auf den Deckel stellen – in einem kühlen, dunkleren Raum. Am nächsten Tag umdrehen und mit Essig auffüllen, wieder verschließen und verkehrt hinstellen. Noch zwei- bis dreimal so verfahren, bis die Füllmenge im Glas stabil ist, und die

Pilze mit Essig bedeckt bleiben. Gelegentlich das Glas wenden. Nach drei Monaten kann der Essig abgeseiht und in Flaschen gefüllt werden. Weißweinessig oder Tomatenessig harmonieren besonders gut mit Pilzen. Auch günstige Balsamicoessige können so aufgewertet werden.

Pilze eignen sich auch gut zum Einlegen in Öl oder Essig. Foto: Elfi Tropper

REZEPTE

EINGELEGTE PILZE

4 Gläser á 165 ml

Zutaten

500 g Pilze (kleine Kräuter-, Austernseitlinge, Pioppino, Samtfußrübling, Shiitake)
Wasser, Salz, Rapsöl

Marinade:
500 ml Wasser
250 ml Weißweinessig – mind. 5,5 % Säure
4 Lorbeerblätter
4 Zehen Knoblauch
4 kleine Zweige Rosmarin
20 g Salz
1 TL Kristallzucker

Zubereitung

Feste Pilzkörper in gleichmäßige Stücke teilen. Diese in leicht gesalzenem Wasser in einem Topf kurz aufkochen lassen, abseihen und gut abtropfen lassen.

Die Gläser heiß auswaschen und verkehrt auf ein Tuch stürzen, sodass das Wasser ausrinnen kann.

Für die Marinade Knoblauch schälen und mit den restlichen Zutaten gut aufkochen lassen. Pilze in die Gläser schichten, Rosmarin, Lorbeer und Knoblauch auf die Gläser aufteilen, mit heißer Marinade bis fünf Millimeter unter den Rand auffüllen. Mit Rapsöl bis knapp unter den Rand aufgießen und verschließen. Danach die Gläser zum Auskühlen stürzen. Vor dem Öffnen ein bis zwei Wochen reifen lassen. Kühl und lichtgeschützt lagern.

TIPP

Durch Verwendung von verschiedenen Essigsorten, Ölen und Gewürzen können eingelegte Pilze verschiedene Aromen entwickeln. Eingelegte Pilze können als Antipasti gereicht werden, passen hervorragend zu Wintersalaten oder zu einer kalten Platte. In einem hübsch verpackten Glas sind sie auch ein nettes Geschenk aus der eigenen Küche.

Eingelegte Pilze Foto: MF

PILZWECKERL

12 Stück

Pilzweckerl Foto: MF

Zutaten

320 ml lauwarmes Wasser
½ Würfel Hefe oder 1 Pkg. Trockenhefe (7 g)
30 ml Rapsöl
300 g Weizenvollmehl
200 g Dinkelmehl fein
20 g Pilzpulver (gemischte Pilze)
1 TL Salz
Saaten zum Bestreuen (Leinsamen, Mohn, Sesam, ...)

Zubereitung

In einer Rührschüssel Wasser, Öl und Hefe vermischen, Mehl, Pilzpulver und Salz hinzugeben und mit dem Mixer (Knethacken) zu einem geschmeidigen Teig kneten. Den Teig etwa sieben Minuten kneten. Danach bei Zimmertemperatur 30 Minuten gehen lassen. Den Teig in zwölf gleiche Teile teilen (60 g pro Teigstück), rund schleifen und nochmals zehn Minuten zugedeckt auf einer bemehlten Arbeitsplatte rasten lassen.

Die Teigstücke nach Belieben Formen (Knöpfe, Flesserl, Stangerl...) – sie sollten annähernd gleich dick sein. Mit Wasser bestreichen/besprühen und mit Saaten bestreuen. Auf ein mit Backpapier ausgelegtes Backblech setzen. Zugedeckt zehn Minuten bei Zimmertemperatur gehen lassen.

Backrohr auf 200 °C Heißluft bzw. 220 °C Ober- und Unterhitze vorheizen. Die Gebäckstücke nochmals mit Wasser besprühen und in den Ofen geben. Die Hitze auf 180 °C Heißluft bzw. 200 °C Ober- und Unterhitze reduzieren und 15 Minuten backen. Vom Backblech nehmen und auf einem Gitterrost auskühlen lassen.

PILZBUTTER

Pilzbutter Foto: MF

Zutaten

250 g Butter oder Margarine
3 Knoblauchzehen
25 g Pilzpulver
1 TL Salz
Pfeffer und/oder Kräuter nach Belieben

Zubereitung

50 g Butter in einem Topf schmelzen, die fein gehackten Knoblauchzehen dazugeben, ebenso das Pilzpulver. Die Masse soll einmal gut aufschäumen. Salz hinzugeben und gut verrühren. Vom Herd nehmen und leicht überkühlen lassen.

Die restliche Butter auf Zimmertemperatur bringen. In einer Rührschüssel mit dem Handmixer schaumig aufrühren und die überkühlte Pilz-Butter-Masse langsam einrühren. Eventuell nachwürzen.

Die Masse in Eiswürfelformen streichen, oder mit einem Dressiersack einzelne Rosen auf Backpapier aufspritzen und im Tiefkühlfach durchgefrieren lassen. Die einzelnen Rosen vom Backpapier lösen und in eine Dose oder Plastikbeutel geben und bis zur Verwendung tiefkühlen.

TIPP

Die Pilzbutter harmoniert mit gegrilltem Lamm oder Wildfleisch, ist eine Alternative zum Knoblauchbrot, oder ist das Tüpfelchen auf dem Ofengemüse. Auf zum Verfeinern von Saucen kann sie verwendet werden.

LINSEN-SHIITAKE-AUFSTRICH

8 Personen – 2 Gläser à 170 ml

Linsen-Shiitake-Aufstrich Foto: MF

Zutaten

75 g Berglinsen (Alternativ 200 g essfertige Linsen aus der Dose)
100 g Shiitake
1 Stk. Knochblauchzehe
3 EL Sonnenblumenöl
30 g Walnüsse
15 ml Walnussöl
2 TL Salz
Thymian, Pfeffer
Wasser

Zubereitung

Berglinsen mit der doppelten Menge Wasser in einem Topf bei mittlerer Hitze garen (ca. 20 min.). Überschüssiges Wasser abgießen und die Linsen salzen und auskühlen lassen.

In der Zwischenzeit den Knoblauch schälen und vierteln, die Shiitake blättrig schneiden. Knoblauch und Pilze in einem Topf mit dem Öl bei mittlerer Hitze anbraten und mit 2 Esslöffel Wasser einige Minuten weiter garen. Auskühlen lassen.

Linsen, Pilze, Walnüsse, Walnussöl, Thymian, Salz und Pfeffer in einen Mixbecher geben. Mit dem Stabmixer oder in einem Mixbecher pürieren. Ist die Masse etwas zu fest, löffelweise Wasser hinzugeben, bis die gewünschte Konsistenz erreicht ist. Abschmecken.

Der Aufstrich kann mit verschiedenen Gewürzen variiert werden, auch andere Pilze können verwendet werden. Wer es scharf mag, gibt beim Anbraten der Pilze etwas Chili hinzu.

Wer den Aufstrich länger genießen möchte, macht die doppelte Menge und gibt die Masse möglichst ohne Luft in Schraubgläser mit ca. 170 ml Inhalt (am besten mit einem Spritzsack mit großer Öffnung). Die Gläser mit Schraubdeckeln verschließen und in eine Auflaufform stellen. Die Auflaufform sollte ca. 2 cm hoch mit Wasser gefüllt sein.

Das Backrohr auf 100 °C vorheizen und die Auflaufform mit den Gläsern für 60 Minuten hineingeben. Danach die Gläser möglichst rasch abkühlen lassen. Im Kühlschrank können die Gläser für 2-3 Wochen gelagert werden.

KNOBLAUCH-BALSAMICO-SHIITAKE

4 Personen

Knoblauch-Balsamico-Shiitake Foto: MF

Zutaten

2 EL Olivenöl (nicht nativ)
300 g Shiitake
4 Knoblauchzehen
50 ml Balsamicoessig
1 EL Blütenhonig
Salz, Pfeffer
1 EL gehackte Petersilie

Zubereitung

Shiitake vom Strunk befreien und in gleichmäßige Stücke schneiden – kleinere Shiitakeköpfe (Durchmesser bis drei Zentimeter) können ganz bleiben. Knoblauchzehen schälen und klein schneiden.

In einer Pfanne das Öl erhitzen und die Pilze und den Knoblauch darin langsam unter Rühren mehrere Minuten durchbraten. Danach den Honig mit dem Löffel über die Shiitake laufen lassen. Kurz durchrühren und danach den Balsamico-Essig hinzugeben.

Solange bei gleicher Hitze weiterbraten, bis die Flüssigkeit fast komplett verdampft ist. Die Petersilienblätter vom Stängel abzupfen und hacken. Die Shiitake in eine Schale geben und mit Petersilie bestreuen. Lauwarm servieren.

TIPP

Diese Knoblauch-Balsamico-Shiitake passen hervorragend als Antipasti oder auf getoastetem Brot als Vorspeise, auf Blattsalaten oder zu einem Glas Wein.

ENOKI-SALTIMBOCCA

4 Personen bzw. 12 Stück

Zutaten

200 g Samtfußrübling (Enoki)
12 Scheiben Bauchspeck
(dünn geschnitten, gut gereift)
12 Blatt Salbei frisch

Zubereitung

Die Pilze auf zwölf Portionen aufteilen und kleine Büschel bilden. Wenn notwendig, von den Substratresten befreien.

Auf jedes Büschel ein Blatt Salbei legen und mit einem Streifen Bauchspeck – nicht zu kalt –umwickeln. Ist der Bauchspeck weich genug, benötigt man keine Zahnstocher zum Befestigen.

Die Büschel bei mäßiger Hitze am Grill, im Kontaktgriller (Toaster) oder in der Pfanne von allen Seiten gut anbraten und noch warm servieren.

Enoki-Saltimbocca Foto: MF

Pioppino-Potize Foto: MF

TIPP

Diese Enoki-Saltimbocca eignen sich als Vorspeise, für ein Raclette oder als Fingerfood (Häppchen).

Für das Rezept können anstelle von Melanzani auch Zucchini verwendet werden. Anstelle von Champignons eignen sich Kräuterseitlinge oder Shiitake.

PIOPPINO-POTIZE

1 Kastenform

Zutaten

Teig:
250 ml lauwarmes Wasser
40 ml Olivenöl
1 Pkg. Trockenhefe (7 g)
250 g Weizenmehl
250 g Dinkelvollmehl
1 TL Salz

Fülle:
400 g Pioppino
100 g Lauch oder Frühlingszwiebel
6 EL Sonnenblumenöl
50 ml Schlagobers/Sahne oder pflanzliche Alternative
1 TL Salz, Pfeffer

Zubereitung

In eine Rührschüssel das lauwarme Wasser mit dem Öl hineingeben, ebenso die Trockenhefe. Mit einem Rührbesen kurz verrühren. Darauf die beiden Mehlsorten und das Salz geben. Mit dem Mixer/Küchenmaschine (Knethacken) zu einem Teig kneten und fünf Minuten gut durchkneten. Bei Zimmertemperatur abgedeckt 30 Minuten gehen lassen.

In der Zwischenzeit die Pioppino mit den Stielen ganz fein hacken. Den Lauch waschen und in feine Ringe schneiden. In einer Pfanne das Öl erhitzen und die Pilze und den Lauch darin bei mittlerer Hitze gut durchbraten. Mit so viel Schlagobers aufgießen, dass die

Masse streichfähig wird (ähnlich der Nussmasse bei der Nusspotize). Gut würzen.

Den Teig auf einer bemehlten Arbeitsfläche zu einem Rechteck (etwa 30 x 40 Zentimeter) fünf Millimeter dick ausrollen. Mit der Pilzmasse gleichmäßig bestreichen. Die Mitte des Rechtecks kennzeichnen und von beiden Seiten zur Mitte hin – möglichst straff – einrollen. Kastenform mit Backpapier auslegen und die Potize mit dem Schlitz in der Mitte nach oben in die Form setzen. Zugedeckt nochmals 15 Minuten gehen lassen.

Backrohr auf 200 °C Heißluft bzw. 220 °C Ober- und Unterhitze vorheizen. Nach der Gehzeit die Potize mit einer Gabel oder einem Holzspieß mehrmals tief einstechen und mit etwas Öl bepinseln.

In der Mitte des Backrohrs auf den Gitterrost stellen und die Hitze auf 160 °C Heißluft bzw.180 °C Ober- und Unterhitze reduzieren. 45 Minuten backen. Die Potitze ist fertig, wenn der Boden der Potitze nach dem Stürzen aus der Form bei Klopfgeräuschen hohl klingt. Auskühlen lassen. Passt hervorragend als Partysnack oder zu diversen Salaten.

HAFERFLOCKEN-SHIITAKE-SUPPE

4 Personen

Zutaten

100 g Shiitake
70 g Frühlingszwiebel oder Lauch
20 g Sellerie
20 g Karotte
20 ml Sonnenblumenöl
55 g Haferflocken fein
1 Liter Wasser
1 TL Salz
½ TL umami-reiche Würzsauce
(z. B. Sojasauce)
Frühlingszwiebelgrün oder andere Kräuter zum Garnieren

Haferflocken-Shiitake-Suppe Foto: MF

Zubereitung

Shiitake, Zwiebel, Karotten und Sellerie klein schneiden. Das Öl in einem Topf erhitzen, Gemüse und Pilze mit Haferflocken im Öl anrösten. Mit Wasser aufgießen und einmal wallend aufkochen lassen. Danach die Hitze reduzieren und etwa 20 Minuten bei niedriger Temperatur leicht köcheln lassen. Gelegentlich umrühren. Mit Salz und Pfeffer würzen, und mit Würzsauce abschmecken.

Wer die Suppe feiner mag, kann sie mit einem Stabmixer kurz mixen. Mit Frühlingszwiebelringen garnieren.

PILZ-RAMEN

4 Portionen

Pilz-Ramen Foto: MF

Zutaten

Suppe:
1 Stück Frühlingszwiebel oder Jungzwiebel
1 Stück Ingwer frisch
(etwa 3 cm lang, daumendick)
3 Zehen Knoblauch
3 EL Sesamöl
1 l Wasser
2 EL Würzsauce (z. B. Püzpeda)
oder Sojasauce
½ TL Misopaste
1 TL Gemüsesuppenpulver
150 g kleinere Shiitake

Einlage:
200 g Brokkoli-/Blumenkohl-/ Karfiolröschen gemischt
2 Eier
1 Pak Choi (etwa 150 g)
4 Portionen Mie- oder Ramennudeln
(je 50 g)

Zubereitung

Für die **Suppe** den Frühlingszwiebel ringelig schneiden, Knoblauch und Ingwer klein hacken. Sesamöl in einem Topf erhitzen und die Zwiebel, den Ingwer und den Knoblauch anbraten. Mit Wasser aufgießen und mit Würzsauce, Misopaste und Suppenwürze abschmecken. Die Shiitake als ganze Stücke ohne Strunk hinzugeben und alles etwa acht Minuten leicht kochen lassen.

Für die **Einlage** die Eier sieben Minuten kochen. Abschrecken, abkühlen lassen und schälen. Halbiert zur Seite stellen. Die Dotter sollten noch etwas weich sein.

Die Brokkoli-/Karfiolröschen in einem Dämpfeinsatz im Topf oder im Dampfgarer bissfest garen. Alternativ in etwas Salzwasser etwa vier Minuten kochen. Die Röschen nach dem Garen kalt abschrecken.

Den Pak Choi vierteln und für zwei Minuten in die kochende Suppe geben. Herausnehmen und abtropfen lassen.

Die Nudeln lt. Packungsanleitung zubereiten. In einer tiefen Schüssel Nudeln, Brokkoli-/Karfiolröschen, Pak Choi und Shiitake verteilen, die kochend heiße Suppe darüber gießen und zum Schluss die Eierhälften obenauf geben.

TIPP

Wer den Ramen vegan möchte, ersetzt das Ei durch 50 g Tofu oder Tempehwürfel pro Person. Chiliöl sorgt für zusätzliche Schärfe.

PARMIGIANA MIT CHAMPIGNONS

4 Personen

Parmigiana mit Champignons Foto: MF

Dieses Gericht wird von außen nach innen geschichtet. Foto: MF

Zutaten

2 Melanzani (etwa 500 g)
Salz
300 g Champignons
200 g Mozzarella oder milder Schnittkäse
4 EL Olivenöl
300 g fruchtige Tomatensauce
Majoran
50 g Parmesan

Zubereitung

Backrohr auf 220 °C Grillstufe vorheizen. Die Melanzani in dünne Scheiben schneiden, auf einem mit Backpapier ausgelegten Backrohrgitter nebeneinander auflegen und salzen. Nach zehn Minuten mit einer Küchenrolle das entstandene Wasser abtupfen und die Melanzani auf dem Gitter in die obere Hälfte des Backrohrs schieben. Je nach Grillleistung des Backrohrs die Melanzani nach sieben bis zehn Minuten aus dem Rohr nehmen und auskühlen lassen. Sie sollten eine leichte Braunfärbung haben.

Backrohr auf 180 °C Heißluft bzw. 200 °C Ober- und Unterhitze einstellen. Die Champignons von den Stielen befreien und dünnblättrig schneiden oder hobeln. Mozzarella halbieren und ebenfalls in dünne Blätter schneiden oder Schnittkäse in der Höhe anpassen.

Vier runde Keramikschalen mit etwa vier Zentimeter Höhe mit Olivenöl ausstreichen und den Boden mit je zwei Esslöffel Tomatensauce bedecken. Die Melanzani der Länge nach halbieren. Nun die Schalen von außen nach innen mit je einer Schicht Melanzani, Champignons und Käse schichten. Diesen Vorgang so lange wiederholen bis im Zentrum der Keramikschale ein Stück Käse übrigbleibt. Die gefüllten Schalen mit dem restlichen Olivenöl beträufeln, mit Majoran bestreuen und die Tomatensauce gleichmäßig über die vier Schalen verteilen.

Die Schalen für 30 Minuten ins vorgeheizte Backrohr geben. Mit Parmesan bestreut servieren.

TIPP

Als Beilage eignet sich Weißbrot auf Sauerteigbasis. Für das Rezept können anstelle von Melanzani auch Zucchini verwendet werden. Anstelle von Champignons eignen sich Kräuterseitlinge oder Shiitake.

ROSENSEITLINGSBROTCHIPS

4 Personen

Rosenseitlingsbrotchips in Kräutercremesuppe
Foto: MF

Zutaten

4 sehr dünne Brotscheiben (1–2 mm dick)
50 g Rosenseitlinge (nur Kappen)
25 g Zwiebel
25 g weiche Butter/Margarine
Salz, Pfeffer

Zubereitung

Für die Brotchips die Kappen der Rosenseitlinge fein hacken, den Zwiebel fein scheiden. Die beiden Zutaten sollen dieselbe Größe haben. Zwiebel und Pilze mit der weichen Butter vermischen, etwas salzen und pfeffern.

Die Grillstufe des Backrohrs auf 200 °C einstellen. Die Pilzmasse auf die dünnen Brotscheiben streichen und diese auf den mit Backpapier belegten Gitterrost geben. Für drei bis fünf Minuten in die obere Hälfte des Backrohres geben.

TIPP

Die fertigen Pilzbrotchips passen gut als Einlage von Cremesuppen.

Sehr gut eignet sich schon älteres Brot. Es können für die Brotchips auch andere Pilze, wie Austernseitling oder Braunkappe, verwendet werden.

SALATBOWL MIT JUDASOHREN

4 Portionen

Salatbowl mit Judasohren Foto: SR

Zutaten

4 handvoll getrocknete Judasohren
4 EL Olivenöl
4 EL Balsamicoessig
Salz, Pfeffer
1 Salatkopf
(Krauthäuptel, Eichblatt, Romano)
8 Radieschen
2 Karotten
200 g Edamame süß-sauer oder andere marinierte Bohnen/Linsen
2 hartgekochte Eier
5 EL Kürbiskernöl oder Haselnussöl
5 EL Weißweinessig
Frische Kräuter nach Belieben

Zubereitung

Die Judasohren in Wasser für mindestens 30 Minuten einweichen. In einem Topf Wasser zum Kochen bringen. Die Judasohren aus dem Einweichwasser nehmen, die Endstücke (knorpelig) abschneiden, die Kappen streifig schneiden und im Topf zehn Minuten köcheln lassen. Herausnehmen und abtropfen lassen. Olivenöl, Balsamicoessig, Salz und Pfeffer zu einer Marinade verrühren und die Judasohren damit marinieren.
Den Salatkopf zerpflücken, waschen und in mundgerechte Stücke zupfen. Radieschen und Karotten waschen. Radieschen blättrig oder in Streifen schneiden, Karotten grob raspeln. Die Edamame abseihen, die Eier schälen und halbieren.

Aus dem gewählten Öl, Weißweinessig, Salz und Pfeffer ein Dressing zubereiten. Salat, Karotten, Edamame und Radieschen auf vier tiefe Suppenteller aufteilen. Mit dem Dressing beträufeln. Die marinierten Judasohren und die Eierhälften ebenso verteilen. Wer mag, bestreut die Bowl noch mit frisch gehackten Kräutern.

TIPP

Die Bowl kann beliebig variiert werden. Dazu passt jede Art von Brot, aber auch Polentaschnitten harmonieren perfekt.

CEVICHE VOM ROSENSEITLING MIT LAUWARMEM FENCHEL

4 Portionen

Ceviche vom Rosenseitling an Fenchel Foto: MF

Zutaten

Ceviche:
200 g Rosenseitling
1 Zitrone
1 Limette
½ Jungzwiebel
6 Cocktailtomaten
2 Jalapenos oder Chilischoten
1 Zweig frischer Koriander
2 TL Waldhonig

Fenchel:
2 faustgroße Fenchelknollen
8 EL Rapsöl
Salz
Sauce:
125 ml Joghurt
2–3 EL Würzsauce (Sojasauce, etc.)

Zubereitung

Für das **Ceviche** den Rosenseitling vom Strunk trennen und in dünne Streifen quer zu den Lamellen schneiden. In eine Schüssel geben. Die Zitrone und die Limette auspressen und den Saft über die Pilzstreifen geben. Zwiebel vierteln und in kleine Stücke schneiden. Die Tomaten vierteln. Die Jalapenos klein schneiden, ebenso den frischen Koriander. Alles mit dem Honig zu den Pilzen geben und gut durchmischen. Für mindestens zehn Minuten im Kühlschrank marinieren.

In der Zwischenzeit den **Fenchel** halbieren und den Strunk keilförmig herausschneiden, sodass die Knolle noch zusammenhält. Das Fenchelgrün einen Zentimeter oberhalb der Knolle abschneiden. In einer Pfanne das Öl erhitzen und den Fenchel mit der Schnittfläche nach unten in die Pfanne geben und mit einem Deckel abdecken. Bei mittlerer Hitze etwa drei Minuten schmoren. Danach den Fenchel umdrehen und auf der Schnittseite leicht salzen. Erneut zudecken und drei Minuten braten. Für das Dressing das Joghurt mit der Würzsauce vermischen.

Den warmen Fenchel auf den Teller geben, die Pilzceviche darüber verteilen und mit dem Dressing beträufeln.

HINWEIS

Ceviche ist ursprünglich ein Fischgericht, bei dem der Fisch roh mit Zitrussaft und Gewürzen mariniert wird.

REISPILZBÄLLCHEN

4–5 Personen (18–20 Bällchen)

Reisbällchen Foto: MF

Zutaten

250 g Mittelkornreis
100 g Zwiebel
200 g Shiitake
30 g Olivenöl
30 g Wasser
40 g getrocknete Tomaten
Thymian, Majoran
75 g Brösel/Paniermehl
20 g Pilzpulver
½ TL Salz
Öl zum Frittieren oder Besprühen bei Verwendung einer Heißluftfritteuse

Zubereitung

Den Reis lt. Packungsanleitung zubereiten und am besten über Nacht im Kühlschrank abgedeckt auskühlen lassen.

Für die Fülle den Zwiebel fein hacken, die Shiitake mit den Stielen ebenfalls klein hacken. In einer Pfanne das Olivenöl erhitzen, die Zwiebel darin glasig anlaufen lassen.

Die gehackten Shiitake dazugeben und unter Rühren gut durchrösten. Mit Wasser aufgießen und zugedeckt bei niedriger Hitze drei bis fünf Minuten fertig garen. Die getrockneten Tomaten klein schneiden und mit dem Thymian und Rosmarin zur Pilzmischung geben. Mit Salz abschmecken und leicht überkühlen lassen.

Auf einem Teller die Brösel mit dem Pilzpulver und dem Salz vermischen.

Den ausgekühlten Reis (er sollte leicht klebrig sein) in Portionen zu etwa 40 g einteilen. Den Reis auf die nasse Hand geben und flachdrücken (Handtellergroß). Etwa einen großen Teelöffel der Fülle in die Mitte des Reisfladens setzen. Mit der zweiten Hand den flachgedrückten Reis um die Fülle klappen, sodass sich Reis rund um die Fülle befindet. Zu einer Kugel formen – gelingt am besten mit nassen Händen – und in der Bröselmischung wälzen. Solange weitere Kugeln formen, bis die Masse aufgebraucht ist.

Zubereitung in Öl: In einem Topf Öl erhitzen (mind. zehn Zentimeter tief), sobald am Holzstiel des Kochlöffels kleine Bläschen aufsteigen, ist es heiß genug. Die Reisbällchen hineingeben und sieben bis zehn Minuten frittieren. Wenn nötig, dazwischen die Bällchen mit einer Schöpfkelle etwas bewegen. Auf einer Küchenrolle abtropfen lassen.

Zubereitung in der Heißluftfritteuse: Die Bällchen mit Öl von allen Seiten besprühen und auf den Rost setzen. Bei 180 °C je nach Größe der Bällchen 20–25 Minuten backen.

Dazu passen: Bärlauchsauce, Cremespinat, verschiedene kalte Dips oder/und Salate.

TIPP

Die Bällchen können gewälzt eingefroren werden – somit sind sie griffbereit für ein schnelles Essen. Die Garzeit verlängert sich um etwa fünf Minuten.

AFFENKOPFSCHNITZERL

4 Personen

Affenkopfschnitzerl Foto: MF

Zutaten

800 g Igelstachelbart
100 g glattes Mehl
2 Eier Größe M
120 g Brösel/Paniermehl
Etwa 500 ml Pflanzenöl
(Sonnenblumen, Raps, gemischt)
Salz
Zitronenscheiben

Zubereitung

Den Igelstachelbart in acht fingerdicke Scheiben schneiden. Mehl auf einen flachen Teller geben, Eier aufschlagen und in einem tiefen Teller verquirlen, Brösel auf einem flachen Teller verteilen. Die Pilzscheiben in Mehl wenden, beidseitig durch das Ei ziehen und in den Bröseln wälzen. In einem Topf oder in einer Pfanne das Öl erhitzen. Es ist heiß genug, wenn am Holzstiel eines

Kochlöffels leichte Bläschen aufsteigen. Die panierten Scheiben ins Öl legen und beidseitig goldbraun backen – je Seite etwa drei bis vier Minuten.

Die Scheiben herausnehmen, auf einem Küchenkrepp kurz abtropfen lassen und leicht salzen. Sollten nicht alle Scheiben auf einmal Platz haben, den Vorgang wiederholen. Im Backrohr bei 80 °C können die bereits gebackenen Scheiben für einige Minuten warmgehalten werden. Mit Zitronenscheiben garniert servieren.

TIPP

Zum gebackenen Igelstachelbart passen Beilagen wie Erbsenreis, Petersilienkartoffeln oder Salate.

GEFÜLLTE SCHWAMMERLSCHNITZERL

4 Personen

Gefüllte Pilzschnitzerl Foto: MF

Zutaten

400–500 g Kräuterseitlinge mit dickem Stiel
50 g Beinschinken (mild, saftig, dünn aufgeschnitten)
100 g Käse in Scheiben
50 g Blattgemüse
(Spinat, Mangold, Bärlauch)
100 g Weizenmehl glatt
2 Eier
½ TL Salz
80 g Semmelbrösel/Paniermehl
4 EL geriebene Kürbiskerne
Sonnenblumenöl zum Backen

Zubereitung

Je nach Dicke des Stiels der Kräuterseitlinge quer oder der Länge nach in drei Millimeter dicke Scheiben schneiden. Es sollten pro Person zwei bis drei Schnitzerl sein. Ab sieben Zentimeter Stiel-Durchmesser gerne quer schneiden.

Immer zwei zusammengehörende Teile gegenüber auflegen. Ein Teil mit Schinken und Käse dünn belegen, mit dem Gegenüber abdecken. Die anderen Scheiben mit rohem Blattgemüse und Käse belegen und mit den restlichen Teilen zudecken. Zahnstocher in der Länge dritteln und durch die zusammengelegten Pilzpaare an zwei oder drei Stellen durchstechen.

Danach die zusammengesteckten Pilzscheiben wie Wiener Schnitzel panieren. Eier in einem tiefen Teller salzen und versprudeln. Brösel und Kürbiskerne auf einem flachen Teller vermischen, das Mehl auf einem weiteren Teller verteilen. Nun die Pilzpakete mit Hilfe einer Gabel zuerst in Mehl wenden, danach beidseitig in Ei tauchen und zum Abschluss im Brösel-Gemisch auf beide Seiten drehen. In einem breiten Topf oder in einer Pfanne das Öl erhitzen – es sollte mindestens zwei fingerhoch eingefüllt sein. Zischt das Öl, wenn einige Brösel in das Öl gegeben werden, ist es heiß genug. Die panierten Pilzschnitzerl in das Öl geben und beidseitig goldbraun backen. Herausnehmen und auf Küchenkrepp oder einem Gitter abtropfen lassen.

TIPP

Dazu passen verschiedene Salate und/oder Dips.

Die Zubereitung in der Heißluftfritteuse ist auch möglich. Dazu werden die panierten Schnitzel mit Öl besprüht und ca. 15 bis 20 Minuten am Rost frittiert.

PILZ-TOFU-TASCHERL

6 Stück

Pilz-Tofu-Tascherl Foto: MF

Zutaten

1 Pkg. Blätterteig
40 g Sellerieknolle
60 g Lauch
40 g Tofu mild oder Seidentofu
100 g Pilze – sehr frisch (gut geeignet: Champignons, Shiitake, Kräuterseitlinge, Braunkappe…)
Salz, Pfeffer
1 Ei zum Bestreichen, wenn gewünscht

Zubereitung

Backrohr auf 200 °C Heißluft bzw. 220 °C Ober-und Unterhitze vorheizen.

Sellerie auf einer Gemüsereibe fein reiben, Lauch in etwa drei Zentimeter lange Stücke teilen und der Länge nach halbieren. Die Hälften in feine Streifen schneiden. Tofu zwischen den Fingern zerbröseln. Die Pilze auf der Gemüsereibe reiben (geht nur mit frischen, festen Pilzen). Nach Belieben salzen und Pfeffern und alles miteinander locker vermischen.

Den Blätterteig in sechs gleichmäßige Stücke (Rechtecke) teilen. Die Stücke gedanklich dritteln. Die jeweils äußeren Drittel streifig einschneiden. In die Mitte ein Sechstel der Fülle geben. Die Streifen von links auf die rechte Seite abwechselnd mit den rechten Streifen auf die linke Seite legen, sodass ein Muster ähnlich eines Zopfs entsteht. Es können aber auch einfache Rechtecke zusammengeklappt werden. Die gefüllten Teigstücke auf dem Blätterteigpapier belassen und auf ein Backblech ziehen.

Teigstücke mit Ei bestreichen und 20 Minuten im vorgeheizten Backrohr goldbraun backen.

TIPP

Schmecken warm und kalt und sorgen auch als Jausensnack für Abwechslung.

KARFIOL-PILZ-AUFLAUF

4–6 Personen

Karfiol-Pilz-Auflauf Foto: MF

Zutaten

330 g Nudeln
(Spiralen, Fleckerl, Hörnchen, ...)
200 g gemischte Pilze
300 g Karfiol/Blumenkohl
50 ml Öl
60 ml Wasser
4 Eier
250 g Joghurt oder Sojajoghurt
Salz, Pfeffer
Thymian, Bohnenkraut
Öl und Brösel/Paniermehl für die Auflaufform

TIPP

Dieser Auflauf kann mit jeglichem gekochten Getreide und mit saisonalem Gemüse zubereitet werden.

Zubereitung

In einem großen Topf Wasser zum Kochen bringen, salzen und die Nudeln darin etwas mehr als al dente kochen. Nudeln abschrecken und abtropfen lassen.
Beim Karfiol die äußeren Blätter entfernen, halbieren und den Strunk mit dem Messer herausschneiden. Den Karfiol in Röschen teilen. Die Pilze (mit Strunk) und den Karfiol klein schneiden (drei bis fünf Millimeter große Stücke) oder alternativ in der Küchenmaschine zerkleinern.

In einem Topf das Öl erhitzen, die Pilze und den Karfiol darin gut durchrösten. Mit Wasser aufgießen und auf niedrigerer Temperatur für fünf bis sieben Minuten unter mehrmaligem Umrühren garen. Mit Salz und Pfeffer, sowie den Kräutern zum Schluss abschmecken.

Backrohr auf 180 °C Ober- und Unterhitze bzw. 160 °C Heißluft vorheizen. In der Zwischenzeit die Eier trennen. Das Eiklar zu steifem Schnee schlagen. Das Joghurt mit den Dottern vermischen und zur Pilz-Karfiol-Mischung geben. Danach die Nudeln untermischen und vorsichtig mit dem Eischnee vermengen.

Die Masse in eine mit Öl bestrichene und bebröselte Form füllen und in der Mitte des Backrohrs für 30 Minuten backen.

Vor dem Servieren mit frischen Kräutern bestreuen. Dazu passt ein Dip aus Kräutern, Sauerrahm/veganen Alternativen und Gewürzen.

QUICHE MIT KRÄUTERSEITLINGEN UND ERBSEN

Für 1 Torten- oder Tarteform (26 cm Durchmesser); reicht für 8 Personen als Vorspeise bzw. 4 Personen als Hauptspeise

Quiche mit Kräuterseitlingen und Erbsen Foto: MF

Zutaten

Mürbteig:
250 g Dinkelmehl
1 TL Salz
120 g Butter oder Margarine
4 EL Wasser
Fülle:
300 g Kräuterseitlinge
70 g Zwiebel
50 ml Rapsöl
100 g Erbsen frisch oder tiefgekühlt
200 g Topfen 20 % FiT oder milder Seidentofu
1 EL Stärkemehl
1 Ei
Salz
Parmesan zum Garnieren

TIPP

Dazu passen Salate und Kräuterdips. Statt selbstgemachtem Mürbteig können Sie auch eine Packung fertigen Quicheteig verwenden. Die Quiche schmeckt auch kalt.

Zubereitung

Für den **Quicheteig** die Butter oder Margarine in gleichmäßige Stücke teilen, Mehl in eine Schüssel geben, salzen. Fettstücke ins Mehl geben und mit den Händen verbröseln oder mit dem Handmixer und den Knethacken vermengen, bis die Masse bröselig ist. Mit den Händen und dem Wasser rasch zu einem geschmeidigen Teig verkneten – durch die Handwärme schmilzt das Backfett und verbindet sich mit dem Mehl. Auf ein Teller geben und etwa 30 Minuten kühl rasten lassen.

Für die **Fülle** einen Kräuterseitling der Länge nach in drei bis vier Millimeter dicke Scheiben schneiden und diese in wenig Öl in einer Pfanne beidseitig anbraten und auf Küchenpapier abkühlen lassen. Die Erbsen in leicht gesalzenem Wasser weichkochen. Das Kochwasser abgießen und ebenfalls überkühlen lassen. Die restlichen Kräuterseitlinge in kleine Würfel schneiden. Die Zwiebel klein hacken. Beides miteinander in der Pfanne mit dem restlichen Öl einige Minuten durchrösten. Beiseite stellen und das Backrohr auf 200 °C Ober- und Unterhitze bzw. 180 °C Heißluft vorheizen.

Die Backform mit Backpapier auskleiden. Die Teigkugel in der Mitte eines Backpapierbogens etwas flachdrücken. Mit einem zweiten Backpapierbogen abdecken und mit dem Nudelholz möglichst rund ausrollen. Der Teig sollte etwa 0,5 Zentimeter dick an allen Stellen sein. Nun das obere Backpapier entfernen und den Teig mit dem Backpapier in die Form geben. Die Ränder leicht nach oben andrücken.

Die Kräuterseitling-Zwiebelmischung, Erbsen, Topfen, Ei und Stärke miteinander vermischen, etwas salzen (etwa ½ TL) und auf den Teig streichen. Mit den in Streifen geschnittenen Kräuterseitlingen belegen. Ins Rohr geben und etwa 25–30 Minuten backen. Mit Parmesanstreifen garnieren.

SCHNELLE KARTOFFELMUFFINS

4 Personen

Schnelle Kartoffelmuffins Foto: MF

Zutaten

12 Kartoffeln vorwiegend festkochend
ca. 100 g pro Stück
Salz

Fülle:
70 g Zwiebel
120 g Pilze gemischt
6 EL Olivenöl
Salz, Pfeffer
Thymian, Majoran
100 g Sauerrahm
150 g geriebener Käse
Variante mit Speck:
12 Streifen Bauchspeck oder
Frühstücksspeck

Zubereitung

Die Kartoffeln gut waschen und Narben oder Vertiefungen ausschneiden. In leicht gesalzenem Wasser kochen (etwa 30 Minuten). Sie sind gar, wenn man mit der Gabel leicht bis zur Mitte einstechen kann (Gabelprobe). Das Wasser abgießen und die Kartoffeln überkühlen lassen.

Für die Fülle die Zwiebel klein schneiden, die Pilze blättrig schneiden, die Strunkteile feiner hacken. In einer Pfanne das Olivenöl erhitzen, die Zwiebelwürfel und die Pilze in die Pfanne geben und unter Rühren etwa fünf Minuten braten. Danach mit Sauerrahm vermischen, mit Salz und Pfeffer kräftig würzen und mit den Kräutern abschmecken.

Muffinförmchen bereitstellen. Bei der Variante mit Speck, wird in jede Muffinform eine Scheibe Speck kreisförmig seitlich hineingestellt. Die Enden sollen sich überlappen.

Backrohr vorheizen auf 160 °C Heißluft bzw. 180 °C Ober- und Unterhitze. In jede Muffinmulde wird eine Kartoffel mit Schale hineingelegt. Mit einem Trinkglas, bei dem der Boden in die Muffinmulde passt, wird die Kartoffel fest in die Muffinmulde gepresst, sodass eine leichte Vertiefung in der Kartoffel entsteht. In jede dieser Vertiefung zwei bis drei Esslöffel der Pilzmasse geben. Mit geriebenem Käse bestreuen.

Die gefüllten Formen ins Backrohr geben und 15–20 Minuten backen. Aus der Form nehmen und gleich servieren. Als Hauptspeise passen sie gut zu Saucen/Dips und Salaten, als Beilage ergänzen sie Wild- und Rindfleischgerichte.

CHAMPIGNONS GUTBEHÜTET

2–3 Personen

Champignons Gutbehütet Foto: MF

Zutaten

Champignons:
200 g Champignons gemischt
(braun und weiß)
50 g Zwiebel
30 g Olivenöl
40 ml Schlagobers/Sahne
Majoran, Muskatnuss, Pfeffer

Spezialbiskuit:
130 g gekochte Kartoffeln
(vorwiegend festkochend)
4 Eiklar
100 g weiche Butter
½ TL Salz
4 Dotter
60 g Weizenmehl oder Dinkelmehl fein
80 g Sauerrahm

Zubereitung

Zuerst die Champignons in grobe Stücke hacken (7 x 7 Millimeter) und die Zwiebel fein schneiden. Beide Zutaten gemeinsam in einer Pfanne mit dem Olivenöl langsam anbraten. Mit Schlagobers aufgießen und mit Muskatnuss und Pfeffer würzen. So lange unter Rühren weitergaren, bis das meiste Obers verkocht ist. Salzen und leicht überkühlen lassen.

Für das **Spezialbiskuit** die gekochten Kartoffeln schälen und durch eine Kartoffelpresse drücken. Alternativ können sie auf einer Gemüsereibe gerieben werden. Die Eiklar in einem Topf mit dem Mixer zu sehr steifem Schnee schlagen. In einem weiteren Topf die weiche Butter mit Salz schaumig aufschlagen, die Dotter nach und nach hinzugeben. Weizenmehl, Sauerrahm und die gepressten Kartoffeln dazugeben und grob unterrühren. Die Hälfte des Eischnees unterrühren und die zweite Hälfte nur locker unter die Masse heben.

Backrohr auf 180 °C Heißluft bzw. 200 °C Ober- und Unterhitze vorheizen. In einer Auflaufform (20 x 20 Zentimeter) die Champignonmasse am Boden gleichmäßig verteilen. Darauf die Kartoffelbiskuitmasse streichen.

Die Auflaufform in den Ofen geben und bei 180 °C Heißluft bzw. 200 °C Ober- und Unterhitze 30 Minuten backen. Die Oberfläche sollte eine schöne braune Farbe haben. In der Auflaufform servieren und mit einem großen Löffel portionieren.

TIPP

Diese Rezept gelingt mit Pioppino, Shiitake oder Steinpilzen ebenso.

IGELSTACHELBART MIT ZUCCHINI

4 Personen

Igelstachelbart mit Zucchini Foto: MF

Zutaten

80 g Zwiebel
5 EL Sonnenblumenöl
400 g Zucchini
500 g Igelstachelbart
4 EL glattes Mehl (Weizen oder Dinkel)
400 ml Schlagobers oder vegane Alternative
200 ml Wasser
Salz
Pfeffer
Zitronensaft

Zubereitung

Zwiebel schälen und fein hacken, Zucchini waschen, die Enden abschneiden, in Scheiben und dann in gleichmäßige Würfel (1 x 1 x 1 Zentimeter) schneiden. Den Igelstachelbart in etwa einen Zentimeter dicke Scheiben und danach würfelig schneiden.

In einer Pfanne Öl erhitzen und die Zwiebel darin leicht anbraten. Die gewürfelten Igelstachelbart- und Zucchinistücke dazugeben und kurz mitrösten. Das Mehl hinzufügen, durchrösten und mit Schlagobers und Wasser aufgießen. Gut verrühren und aufkochen lassen. Bei zugedeckter Pfanne und niedriger Temperatur etwa fünf Minuten garen lassen. Dann mit Salz, Pfeffer und Zitronensaft würzen und noch so lange gar ziehen lassen, bis eine gute Sämigkeit entstanden ist. Die Zucchini sollten bissfest bleiben.

TIPP

Die Zucchini können auch durch mildes Blattgemüse wie Spinat ersetzt werden, die Mengen müssen entsprechend adaptiert werden. Wird Wurzelgemüse verwendet, sollte es vorab leicht gedünstet werden.

ONE-POT-SHIITAKE-NUDELPFANNE

4 Personen

One-Pot-Shiitake-Nudelpfanne Foto: MF

Zutaten

100 g Zwiebel
200 g Shiitake
3 EL Sonnenblumenöl
300 g Brokkoli
100 g Petersilienwurzel
300 g Nudeln roh
800 ml Wasser
200 ml Schlagobers/Sahne
50 g Walnüsse
1,5 TL Salz

Zubereitung

Zwiebel feinwürfelig schneiden. Shiitake blättrig schneiden (mit Stiel), Petersilienwurzel halbieren und in dünne Scheiben schneiden, Brokkoli in kleine Röschen teilen. Öl in einer großen Pfanne erhitzen, Zwiebel, Shiitake und Petersilienwurzel darin anrösten. Die Nudeln und den Brokkoli dazugeben und mit Wasser und Schlagobers aufgießen. Zudecken und etwa fünf Minuten leicht kochen lassen (etwa die Hälfte der Nudelkochzeit). Danach salzen, gut durchrühren und offen fertig köcheln lassen, bis die Nudeln die gewünschte Bissfestigkeit haben bzw. die Flüssigkeit fast aufgesaugt ist. Mit grob gehackten Walnüssen bestreuen.

TIPP

Gemüse kann nach Belieben variiert werden, die Flüssigkeitsmenge richtet sich nach den Nudeln. Vollkornnudeln benötigen etwas mehr Flüssigkeit. Schlagobers kann durch pflanzliche Alternativen ausgetauscht werden.

EINKORNRISOTTO MIT BUCHENPILZEN

4 Personen

Einkornrisotto mit Buchenpilzen Foto: MF

Zutaten

1 Jungzwiebel
1 Knoblauchzehe
4 EL Sonnenblumenöl
200 g Buchenpilze
250 g Einkornreis
800 ml Gemüsesuppe oder 100 ml trockenen Weißwein und 700 ml Gemüsesuppe
40 g Parmesan
4 Blätter Salbei

Zubereitung

Jungzwiebel der Länge nach halbieren und in dünne Scheiben schneiden, den Knoblauch schälen und fein hacken. In einem Topf das Öl erhitzen und Zwiebel und Knoblauch darin anschwitzen. Die Buchenpilze ebenfalls zwei bis drei Minuten mitanrösten. Die Pilze herausnehmen und beiseite stellen.

Im verwendeten Topf den Einkornreis anrösten und mit 100 Milliliter Suppe oder Wein ablöschen und gut verrühren. Mit einem weiteren Schöpflöffel Suppe aufgießen und verrühren. Bei mittlerer Hitze leicht köcheln lassen, bis die Flüssigkeit verdampft ist, danach wieder portionsweise aufgießen und immer wieder umrühren. Vorgang mehrmals wiederholen. Nach etwa 20 Minuten den Einkornreis probieren – er sollte leicht bissfest sein. Bei entsprechendem Garpunkt die Pilze hinzugeben und mit weiterer Suppe aufgießen und umrühren. Den Parmesan reiben und die Salbeiblätter in feine Streifen schneiden. Die Hälfte des Parmesans und die Salbeiblätter unter das Einkornrisotto mischen, leicht köcheln lassen und verkosten. Ist der Einkornreis noch zu fest, noch etwas Suppe hinzufügen, bei Bedarf noch salzen. Mit dem restlichen Parmesan bestreut servieren.

TIPP

Anstelle von Einkornreis kann auch Dinkelreis, Weizenreis, Risottoreis oder Rollgerste verwendet werden. Der Anteil an Flüssigkeit muss entsprechend angepasst werden.

HIRSESTRUDEL MIT SHIITAKEPILZEN

4 Personen

Hirsestrudel mit Shiitake Foto: MF

Zutaten

Strudelteig:
250 g glattes Weizenmehl
1 Msp. Salz
2 EL Pflanzenöl
(Sonnenblumen- oder Rapsöl)
125 ml lauwarmes Wasser

Füllung:
200 g rohe Goldhirse
500 ml Wasser
1 TL Salz
400 g Shiitake
60 ml erhitzbares Pflanzenöl
2 Eier (Gr. M)
50 g Sauerrahm
½ Bund Petersilie
Salz, Pfeffer
Mehl und Öl zum Verarbeiten

Zubereitung

Für den **Teig** Mehl in eine Rührschüssel geben, Salz und 1 EL Öl dazugeben, mit den Knethaken des Handmixers verkneten, das Wasser nach und nach dazugeben, bis ein geschmeidiger Teig entsteht. Die Teigkugel mit dem restlichen Öl einstreichen und auf einem bemehlten Teller zugedeckt 15 Minuten rasten lassen.

Für die **Füllung** die Hirse in einem Sieb abwaschen und in einem Topf mit dem Wasser aufkochen, salzen und auf niedriger Hitze etwa 30 Minuten gar ziehen lassen. Auch die Zubereitung im Dampfgarer oder Thermomix ist möglich. Auskühlen lassen.

Die Shiitake mit Stiel blättrig schneiden, in einer Pfanne das Öl erhitzen und die Pilze darin langsam unter Rühren durchbraten. Nach etwa fünf Minuten salzen und pfeffern, dann beiseite stellen.

Die ausgekühlte Hirse eventuell nachsalzen und mit den Eiern und dem Sauerrahm vermischen. Die Petersilienblätter vom Stängel abzupfen.

Das Backrohr auf 180 °C Ober- und Unterhitze oder 160 °C Heißluft vorheizen. Den selbst zubereiteten Strudelteig auf einem bemehlten Tuch dünn ausziehen, die dickeren Ränder abschneiden und den ausgezogenen Strudelteig mit Öl beträufeln.

Alternativ die gekauften Strudelteigblätter auf einem leicht feuchten Küchentuch auflegen: Die ersten beiden leicht überlappend nebeneinander legen, mit Öl bestreichen und die restlichen beiden Strudelteigblätter exakt über die ersten beiden Blätter legen.

Die Hirsemasse etwa zehn Zentimeter breit und einen Zentimeter dick auf dem Strudelteig aufstreichen – mit etwa zwei bis drei Zentimeter Abstand links und rechts sowie unten zum Rand. In der Mitte der Hirsemasse die Shiitake in einem Streifen verteilen und mit den abgezupften Petersilienblättern dicht bestreuen. Sollte noch Hirsemasse übrig sein, kann diese auf den Petersilienblättern verteilt werden.

Mithilfe des Küchentuchs den Strudel einrollen, die Enden fest abdrücken und den überstehenden Teig abschneiden. Den Strudel mit Öl bepinseln und in die Mitte des vorgeheizten Backrohrs schieben.

Backzeit etwa 25 Minuten (je nach Struделdicke kürzer oder länger). Den Strudel herausnehmen und in Stücke schneiden.

TIPP

Dazu passt ein Kräuterdip oder Kochsalat/Cremespinat/Rahmgemüse. Wer den Strudelteig nicht selbst machen möchte, kann auch auf eine Packung gezogenen Strudelteig (Strudelteigblätter) zurückgreifen. Die Zutaten für die Strudelfüllung können auch miteinander vermischt werden oder als Auflauf in eine befettete Form gefüllt werden.

BURGER MIT KRÄUTERSEITLINGEN – PULLED STYLE

6 Personen

Zutaten

Burger-Brötchen:
170 g lauwarmes Wasser
½ Würfel Hefe oder 1 Pkg. Trockenhefe
25 g Sonnenblumenöl
90 g Buttermilch
5 g Salz
1 TL getrocknete Kräuter
(mediterrane Mischung)
215 g Dinkelmehl fein
170 g Vollkorn-Emmermehl

Krautsalat:
600 g Weißkraut oder Spitzkraut
125 g Sauerrahm
35 g Mayonnaise
1 TL Salz
2 EL Essig (hell)
2 mittelgroße Karotten
70 g Zwiebel
1 EL Zitronensaft
Chili nach Belieben

Pulled Kräuterseitlinge:
400 g Kräuterseitlinge
2 EL fermentierte Würzsauce
(Sojasauce, etc.)
3 EL Maisstärke
Öl zum Braten
Salz

Zubereitung

Burger-Brötchen: Für den Teig Wasser in eine Rührschüssel geben, Hefe darin auflösen, Salz, Kräuter, Öl und Buttermilch hinzugeben und mit den Mehlen langsam zu einem Teig verkneten. Mit der Rührmaschine etwa sieben Minuten auf langsamer Stufe kneten. Dann eine Minute etwas schneller. Mit einem

Tuch abdecken und 25–30 Minuten rasten lassen. In der Zwischenzeit den Salat zubereiten. Der Teig sollte doppelt so hoch werden. Dann auf eine bemehlte Arbeitsfläche geben, kurz durchkneten und zu einer Rolle formen. Sechs gleich große Stücke (etwa 115 Gramm pro Stück) rund formen, etwas flach drücken und auf ein mit Backpapier ausgelegtes Blech legen. Mit Wasser besprühen und mit schwarzem Sesam oder Leinsamen nach Belieben bestreuen. Das Backrohr auf 180 °C Heißluft bzw. 200 °C Ober- und Unterhitze vorheizen. Die Burger-Brötchen noch 15 Minuten abgedeckt rasten lassen.

In der Mitte des Backrohrs bei 180°C Heißluft bzw. 200 °C Ober- und Unterhitze 15–20 Minuten backen. Danach vom Backblech nehmen, kurz überkühlen lassen und halbieren. Wer mag, röstet die Innenseiten der Hälften noch in etwas Fett in einer Pfanne an.

Krautsalat – Cole-Slaw-Style: Krautkopf halbieren und den Strunk entfernen. Mit dem Messer oder der Brotschneide- bzw. Küchenmaschine in feine Streifen schneiden. Karotte grob raspeln, Zwiebel halbieren und längs einschneiden, danach quer in kleine Würfel schneiden. Karotte und Zwiebel zum Kraut geben und gut vermischen. Sauerrahm, Mayonnaise, Salz, Pfeffer, Essig, Zitronensaft (und wer mag auch etwas Chili) miteinander vermischen und über das Kraut geben. Am besten mit sauberen Händen gut in das Kraut-Karottengemisch einkneten. Kühl stellen.

Pulled Kräuterseitlinge: Während die Brötchen im Ofen sind, die Kräuterseitlinge in etwa drei Millimeter dicke Scheiben schneiden und diese dann in dünne Streifen. Alternativ können die Kräuterseitlinge mit zwei Gabeln zerzupft werden. Die streifigen Pilze mit der Würzsauce marinieren, danach mit Stärke bestreuen und so mit den Pilzen vermischen, dass die Pilze mit der Stärke umhüllt sind. In einer Pfanne oder einem weiten Topf fingerhoch neutrales Öl (Raps- oder Sonnenblumenöl) erhitzen und die Pilze unter Rühren bei mittlerer Hitze knusprig braten. Auf einer Küchenrolle nach dem Braten kurz abtropfen lassen und salzen. Den Burger beliebig zusammenbauen und genießen.

Burger mit Kräuterseitlingen Foto: MF

TIPP

Wer keinen Emmer hat, kann Weizen- oder Dinkelvollkornmehl verwenden. Anstelle von Buttermilch kann auch nur Wasser verwendet werden, dann etwas mehr Hefe verwenden oder länger gehen lassen. Auch Austernseitlinge eignen sich zerzupft für den Burger. Für die vegane Variante des Krautsalats können vegane Mayonnaise und pflanzliches Joghurt verwendet werden.

PILZTORTILLA

2–3 Personen

Zutaten

100 g frisches Gemüse (Zucchini, Paprika, Kürbis, Lauch, Tomaten, Karotten…)
150 g gemischte Pilze
200 g gekochte Kartoffeln (vorwiegend festkochend)
40 ml Sonnenblumenöl
3 Eier
70 g Frischkäse natur
Salz, Pfeffer, Chili
Petersilie zum Garnieren

Zubereitung

Backrohr auf 180 °C Heißluft bzw. 200 °C Ober- und Unterhitze vorheizen.

Das Gemüse und die Pilze in gleichmäßige Stücke schneiden, die Kartoffeln blättrig schneiden. In einer backrohrtauglichen Pfanne das Öl erhitzen und das Gemüse langsam anbraten. Dann die Kartoffeln dazugeben und ebenfalls mitanbraten.

Die Eier mit Frischkäse, Salz, Pfeffer und Chili in einem Rührbecher geben und mit dem Stabmixer vermengen. Diese Masse über die Gemüse-Kartoffelmischung geben und zugedeckt bei mittlerer Hitze am Herd für drei Minuten stocken lassen.

Dann die Pfanne offen für 15–20 Minuten im Rohr fertig stocken lassen. Die Tortilla soll eine leichte Bräunung auf der Oberfläche haben. Entweder direkt aus der Pfanne mit Petersilie bestreut servieren oder auf ein Teller stürzen und wie eine Torte aufschneiden.

Pilztortilla Foto: MF

TIPP

Tortillas schmecken auch kalt als Jause hervorragend.

WRAPS MIT MAITAKEPILZEN

4 Wraps

Zutaten

200 g Klapperschwamm (Maitake)
4 TL Paprikapulver
1 TL Salz
2 Knoblauchzehen
4 EL Pflanzenöl
3 Sprühstöße fermentierte Würzsauce
2 Tomaten
8 EL geriebener Käse
½ Becher Sauerrahm
4 Handvoll geschnittener Salat
4 große Softtortillas
Chili, Jalapeno und Salsa nach Wahl

Zubereitung

Den Strunk von den Maitakepilzen entfernen und mit den Händen in feine Streifen reißen.

In einer Tasse das Paprikapulver mit dem Salz und den gehackten Knoblauchzehen vermischen. In einer Pfanne das Öl erhitzen und die Pilzstreifen darin anbraten. Nach zwei bis drei Minuten die Würzmischung dazugeben und gut durchrühren. Mit Würzsauce besprühen und bei niedriger Hitze weitere fünf Minuten garen.

In der Zwischenzeit die Tomaten halbieren und die Kerne entfernen. Das Tomatenfleisch klein würfelig schneiden.

Softtortillas in einer trockenen Pfanne einzeln beidseitig anbräunen – nicht zu stark, sodass sie sich noch biegen lassen.

Auf die Tortillafladen jeweils einen Löffel Sauerrahm geben und gut verteilen – zwei Zentimeter Rand frei lassen. Danach die Salatstreifen, zwei Esslöffel Käse pro Fladen und einige Tomatenwürfel darauf verteilen. Obenauf die Pilze streuen und mit Chili, Jalapenos und/oder Salsa ergänzen.

Zwei gegenüberliegende Seiten einklappen und von einer nicht eingeklappten Seite beginnend fest einrollen. In der Mitte teilen und servieren.

Wraps mit Klapperschwamm (Maitake) Foto: MF

TIPP

Wraps können beliebig gefüllt werden, auch die Pilze können variieren. Zudem eignen sie sich gut als Schuljause oder Abwechslung beim Buffet.

FLADENBROT MIT ROSENSEITLING

4 Personen

Fladenbrot mit Rosenseitling Foto: MF

Zutaten

Fladenbrot:
300 ml lauwarmes Wasser
70 ml Sonnenblumenöl
1 TL Kristallzucker
1 Pkg. Trockenhefe (7 g)
500 g Pizzamehl (Weizenmehl Typ 00)
1 TL Salz

Fülle:
125 g Rotkraut (etwa 1/8 Krautkopf)
75 g Joghurt/vegane Alternative
2 TL Kürbiskernöl
1–2 Birnen (je nach Größe)
250 g Rosenseitling
3 EL Sonnenblumenöl
Salz, Pfeffer
Salzflocken

Zubereitung

Für das Fladenbrot in einer Rührschüssel Wasser, Öl, Zucker und Hefe vermischen, Mehl und Salz hinzugeben und mit dem Mixer (Knethacken) zu einem geschmeidigen Teig kneten. Den Teig etwa fünf Minuten kneten. Danach bei Zimmertemperatur 40 Minuten gehen lassen.

Aus dem Rotkrautkopf einen Keil herausschneiden. Die äußersten Blätter entfernen. Den Strunk herausschneiden. Den restlichen Keil in feine Streifen schneiden. Ein wenig salzen und gut mit der Hand durchkneten. Beiseite stellen.

Das Joghurt mit dem Kernöl vermischen, salzen und pfeffern. Die Birnen waschen und halbieren und das Kerngehäuse, den Stiel und die Narben entfernen. Die Hälften in dünne Scheiben schneiden.

Den Teig in vier gleiche Teile teilen, rund schleifen und nochmals zehn Minuten zugedeckt rasten lassen.

Nun die Kappen des Rosenseitlings quer zur Lamellenstruktur in feine Streifen schneiden. Diese in einer Pfanne mit dem Öl zuerst auf niedriger Stufe unter mehrmaligem Rühren braten. Nach etwa fünf Minuten die Temperatur erhöhen und weiterbraten bis die Streifen leicht knusprig werden.

Eine beschichtete Pfanne gut erhitzen. Den ersten Teigling dünn ausrollen (Größe entsprechend der Pfanne) und in der trockenen Pfanne bei mäßig hoher Hitze zugedeckt eine Minute backen. Danach wenden und nochmals eine Minute bei offener Pfanne weiterbacken. So mit allen drei weiteren Teiglingen verfahren.

Den Fladen mit dem Kernöljoghurt bestreichen, auf einer Hälfte mit Rotkraut belegen, die Birnenscheiben auf das Rotkraut schichten, den gebratenen Rosenseitling auf die Birnen geben, mit einigen Salzflocken bestreuen und zuklappen.

LINSENCURRY MIT ENOKIPILZEN

4 Personen

Linsencurry mit Enoki Foto: MF

Zutaten

2 Zehen Knoblauch
50 g Lauch
120 g Wurzelgemüse
(Karotte, Sellerie, Peterwurzel...)
1 kleines Stück Ingwer frisch
4 EL Pflanzenöl
200 g Samtfußrübling (Enoki)
2 TL Currypulver
1 Msp. Ingwerpulver
(falls kein frischer Ingwer vorhanden)
1 Msp. Kurkuma
1 Msp. Kreuzkümmel
600 ml Wasser
2 TL Suppenpulver
300 g gelbe oder rote Linsen
200–300 ml Kokosmilch
etwa 2 TL Salz
frischer Koriander nach Belieben

Zubereitung

Knoblauch schälen und in kleine Stücke schneiden. Lauch, Wurzelgemüse und Ingwer in gleich große Würfel schneiden (drei bis fünf Millimeter). Enoki der Länge nach halbieren oder dritteln, wenn sie ganz lange Stiele haben.

In einem Topf Öl erhitzen und Knoblauch, Wurzelgemüsewürfel und Ingwer anbraten. Enoki hinzufügen, ebenso Currypulver und weitere Gewürze unter Rühren einige Minuten mitbraten. Mit Wasser aufgießen, Linsen und Suppenpulver dazugeben und zugedeckt zehn Minuten auf niedriger Stufe langsam garen. Gelegentlich umrühren und mit Kokosmilch ergänzen, sodass ausreichend Flüssigkeit vorhanden ist (eintopfartig).

Nach zehn Minuten die Linsen probieren, bei Bissfestigkeit noch einige Minuten ziehen lassen bis sie ausreichend weich sind.

Mit Salz abschmecken und mit Koriander bestreut servieren. Wer gerne etwas schärfer isst, kann mehr Ingwer verwenden oder ergänzt die Gewürze mit einer scharfen Currypaste. Zum Curry passen Fladenbrot (Naanbrot) oder Reis.

FALSCHE JAKOBSMUSCHELN MIT ZWEIERLEI PÜREE

3 Personen

Falsche Muscheln mit zweierlei Pürre Foto: MF

Zutaten

Süßkartoffelpüree:
450 g Süßkartoffeln (etwa 1 große)
1 TL Schwarzkümmel oder Distelöl
Salz, Zitronenschalenabrieb, Pfeffer
Petersilienwurzelpüree:
200 g Peterwurzel
20 g Sauerrahm oder vegane Alternative
1 TL Schwarzkümmel oder Distelöl
Salz, weißer Pfeffer
Falsche Jakobsmuscheln:
300 g Kräuterseitlinge
(Strunk kann 3 cm Durchmesser haben)
2–3 EL Würzsauce (z. B. Sojasauce)
2 EL Butter oder Margarine
Thymianzweige, Rosmarinzweig
Salz, Pfeffer

Zubereitung

Für das **Süßkartoffelpüree** die Süßkartoffel schälen, in gleichmäßige Würfel schneiden (2 x 2 Zentimeter) und in einem Topf mit leicht gesalzenem Wasser zugedeckt weichkochen (etwa fünf bis zehn Minuten). Abseihen – dabei das Kochwasser auffangen – und die Süßkartoffelwürfel in einen Cutter geben oder mit dem Stabmixer pürieren. Sollte die Masse etwas zu trocken sein, mit Kochwasser verdünnen. Abschmecken mit Schwarzkümmelöl, Salz, Pfeffer und den Abrieb von etwa einer 1/8 Zitrone. Warmstellen.

Für das **Petersilienwurzelpüree** die Petersilienwurzel unter Wasser waschen, der Länge nach vierteln und in gleichmäßige Stücke schneiden. In leicht gesalzenem Wasser zugedeckt weichkochen (etwa 15 Minuten). Abseihen und dabei das Kochwasser auffangen. Die Petersilienwurzelstücke mit dem Stabmixer oder Cutter mit dem Sauerrahm bzw. der veganen Alternative pürieren. Sollte es etwas zu fest sein, mit dem Kochwasser ergänzen. Mit Schwarzkümmelöl, Salz und weißem Pfeffer abschmecken und warmstellen.

Die Kappe der Kräuterseitlinge für die **falschen Jakobsmuscheln** abschneiden (Verwendung für ein anderes Gericht). Die verbliebenen Strünke in fingerdicke Scheiben schneiden. Diese Scheiben auf der Breitseite einige Millimeter tief einschneiden, sodass ein Rautenmuster entsteht, umdrehen und auf der gegenüberliegenden Seite wiederholen. So alle Scheiben vorbereiten. Alle Scheiben von beiden Seiten mit der Würzsauce einsprühen oder mit einem Pinsel einpinseln. In einer Pfanne Butter/Margarine erhitzen, Thymianzweige und den Rosmarinzweig hinzugeben und die Scheiben auf beiden Seiten einige Minuten bei mittlerer Hitze braten. Mit den Gemüsepürees anrichten.

TIPP

Wer mag, kann dazu Gemüsechips aus den verwendeten Gemüsearten servieren.

SCHWAMMERLSCHMARREN

4 Personen

Schwammerlschmarren Foto: MF

Zutaten:

70 g Zwiebel
300 g Pilze gemischt (Austernseitlinge, Kräuterseitlinge, Shiitake, Pioppino)
5 EL Pflanzenöl
4 Eier
300 ml Milch 3,6 % FiT
200 g Dinkelmehl
Salz

Zubereitung

Die Zwiebel schälen und klein würfelig schneiden, die Pilze ungefähr gleich groß schneiden wie die Zwiebelwürfel.

In einer Pfanne das Öl erhitzen, die Zwiebel- und Pilzstücke hineingeben und langsam durchbraten, bis die Pilze eine leichte Braunfärbung annehmen. Die Pilz-Zwiebel-Mischung aus der Pfanne geben und auf einem Teller beiseite stellen.

Zwei Rührschüsseln bereitstellen, die Eier aufschlagen und Eiklar und Dotter getrennt in die Schüsseln geben. Mit dem Handmixer das Eiklar fest schaumig aufschlagen.

Mehl und Milch zu den Dottern geben, gut verrühren. Danach das steife Eiklar leicht unter die Dottermasse heben.

Die bereits verwendete Pfanne nochmals erhitzen – ist sie noch leicht ölig, ist keine weitere Ölzugabe notwendig. Sollte kein Ölfilm mehr vorhanden sein, zwei Esslöffel Pflanzenöl in die Pfanne geben. Die Hälfte der Eiermasse etwa zwei Zentimeter dick eingießen. Nun die Hälfte der Zwiebel-Pilzmischung darauf verteilen, mit einem Salzstreuer die Oberfläche leicht salzen. Zudecken und drei bis vier Minuten bei mittlerer Hitze braten lassen.

Dann die Masse in der Pfanne vierteln und mit Hilfe von Pfannenwendern wenden. Wiederum drei bis vier Minuten warten und die Masse in Stücke zerteilen (mit Pfannenwendern) und durchrösten. Den Pilzschmarren in eine Auflaufform geben und im Backrohr bei 90 °C Heißluft bzw. 100 °C Ober- und Unterhitze warmhalten.

Mit dem übrigen Teil der Masse die Arbeitsschritte wiederholen und den fertigen Schmarren in die Auflaufform hinzugeben und servieren. Schmeckt mit verschiedenen Salaten und mit Wildkräutern oder Petersilie bestreut.

SCHWAMMERLSAUCE

4 Personen

Zutaten

100 g Zwiebel
200 g Pilze gemischt (Austernseitlinge, Kräuterseitlinge, Shiitake, Pioppino, Samtfußrüblingi, Goldkäppchen)
3 EL Pflanzenöl
20 g Mehl (Vollkornweizenmehl oder glattes Weizen- oder Dinkelmehl)
200 ml Schlagobers 36 % Fett oder vegane Alternative
300 ml Wasser
Salz, Pfeffer
30 g Nüsse (Walnüsse, Haselnüsse), wer möchte

Zubereitung

Die Zwiebel schälen und klein würfelig schneiden, die Pilze blättrig und in gleichmäßige Stücke schneiden oder zupfen (z. B. bei den Austernseitlingen).

In einer Pfanne das Öl erhitzen, die Zwiebel- und Pilzstücke hineingeben und langsam durchbraten, bis die Pilze eine leichte Braunfärbung annehmen. Das Mehl über die Pilz-Zwiebel-Mischung streuen und gut durchrühren. Mit Schlagobers und Wasser aufgießen und auf bei niedriger Hitze etwa sieben bis zehn Minuten zugedeckt köcheln lassen. Hin und wieder umrühren.

Wer mag, hackt Nüsse und gibt diese für ein paar Minuten zur köchelnden Sauce. Danach salzen und pfeffern.

TIPP

Statt Schlagobers und Wasser kann als vegane Alternative 400 ml Sojadrink und 100 ml Wasser verwendet werden. Sollte die Sauce zu dick sein, kann diese mit Wasser gestreckt werden. Dazu etwas Wasser in die Pfanne gießen, umrühren und nochmals kurz aufkochen. Nachwürzen bei Bedarf.

Diese Schwammerlsauce passt zu Nudeln, Polenta, verschiedenen gegarten Getreidearten oder zu gebratenem, oder gegrilltem Fleisch.

Schwammerlsauce mit Rahm Foto: MF

PILZWOK MIT EDAMAME

4 Personen

Pilzwok mit Edamame Foto: MF

Zutaten

500 g Edamame in Schoten
20 g getrocknete Judasohren (MuErr-Pilze)
150 g Shiitake
180 g Kräuterseitlinge
½ Zwiebel (70 g)
200 g Petersilienwurzel
2 TL Sesamöl
2 TL Austernsauce (Oystersauce)
2 TL fermentierte Würzsauce
200–300 ml Wasser
1 TL Stärke (Kartoffel- oder Maisstärke)
Salz

Zubereitung

Edamame in Schoten in reichlich Salzwasser etwa 15 Minuten leicht köcheln lassen. Das Kochwasser abgießen und mit kaltem Wasser abspülen. Die Bohnen aus den Schalen lösen. Die Edamamebohnen dürfen bissfest bzw. noch nicht ganz durchgegart sein.

Judasohren in Wasser etwa 20 Minuten einweichen. Shiitakepilze in dünnblättrig schneiden. Kräuterseitlinge halbieren und nochmals der Länge nach halbieren. In dünnblättrige Streifen schneiden – sie sollten in etwa dieselbe Größe haben, wie die Shiitake. Zwiebel in Streifen schneiden. Petersilienwurzel waschen, schälen und längs zweimal durchschneiden. Danach ebenfalls in dünnblättrige Streifen schneiden.

In einer Wok-Pfanne oder einer beschichteten Pfanne Sesamöl erhitzen. Zwiebel und dünnblättrig geschnittene Pilze sowie Petersilienwurzel hinzugeben und anrösten. Die Judasohren aus dem Wasser nehmen, ev. klein schneiden und zum angerösteten Gemüse geben. Mit Austernsauce und Würzsauce würzen, die Edamame beigeben und mit Wasser aufgießen, sodass die Zutaten gut bedeckt sind. Mindestens fünf Minuten auf niedriger Stufe köcheln lassen, gelegentlich umrühren. Stärke in einem kleinen Glas mit einigen Esslöffeln kaltem Wasser auflösen und in die Wokpfanne einrühren. Gut umrühren und aufkochen lassen.

Bei Bedarf mit Salz nachwürzen. Dazu passen Reis oder Nudeln (Mie-oder Udongnudeln).

TIPP

Statt den Edamameschoten können auch 260 g Edamamebohnen gekocht verwendet werden.

HÜHNERBRUST MIT PILZKRUSTE

4 Personen

Hühnerbrust mit Pilzkruste Foto: MF

Zutaten

4 Stück Hühnerbrustfilets
4 EL Pflanzenöl
60 g Zwiebel
4 TL Pilzpulver
¼ l Wasser
1/8 l Schlagobers
Etwas fermentierte Würzsauce

Kruste:
150 g Butter oder Margarine
180 g Vollkornbrösel oder Altbrotbrösel
5 TL Pilzpulver
1 Dotter

TIPP

Die Hühnerfilets können durch Schweinefilets ersetzt werden, Tofu eignet sich ebenfalls gut. Die Krustenmasse kann aber auch alleine am Backpapier gebacken werden.

Zubereitung

Hühnerbrustfilets waschen und trocken tupfen. In einer Pfanne das Öl erhitzen und die Filets beidseitig anbraten, sodass sie eine leichte Bräunung haben. Die Filets auf ein mit Backpapier ausgelegtes Backblech legen. Das Backrohr auf 200 °C Heißluft bzw. 220 °C Ober- und Unterhitze vorheizen. Zwiebel fein hacken und in der Pfanne mit den Bratenresten anrösten. Das Pilzpulver dazugeben und mit Wasser und Schlagobers aufgießen. Einmal aufkochen lassen und bei niedriger Hitze mindestens fünf Minuten köcheln lassen und nach Geschmack mit Würzsauce abschmecken.

Für die Kruste die Butter erweichen und mit den Bröseln, dem Pilzpulver und dem Dotter vermischen. Die Masse auf die Hühnerbrustfilets verteilen. Die Filets für fünf bis sieben Minuten im Backrohr überbacken.

In der Zwischenzeit die Sauce in einen Mixbecher leeren und mit dem Stabmixer fein aufmixen.

Die Sauce auf einen Teller geben und die Hühnerfilets darauf anrichten. Dazu passen Nudeln, Reis oder Polenta.

ZITRONENLINGUINE MIT WELS

4 Personen

Zitronenlinguine mit Wels Foto: MF

Zutaten

320 g Linguine (dünne Bandnudeln) roh
200 g Zitronenseitling
20 g Butter oder Margarine
400 g Welsfilet
Abrieb und Saft von ½ Zitrone
Öl zum Anbraten
80 g Parmesan gerieben
Salz
Zitronenthymian zum Dekorieren

Zubereitung

In einem großen Topf Wasser für die Nudeln zum Kochen bringen, salzen und die Nudeln hineingeben. Entsprechend der angegebenen Garzeit kochen.

In der Zwischenzeit die Kappen von den Seitlingen vom Strunk trennen, große Kappen halbieren. Den Strunk in einer Küchenmaschine oder mit dem Messer sehr klein hacken. In einer Pfanne Butter/Margarine schmelzen. Die Kappen der Zitronenseitlinge in der Butter/Margarine bei mittlerer Hitze braten. Nach etwa drei bis vier Minuten die Zitronenseitlinge aus der Pfanne geben und auf einem Teller beiseite stellen.

Das Welsfilet in etwa zwei bis drei Zentimeter dicke Streifen schneiden (quer zum Fischkörper) und mit Salz auf beiden Seiten würzen. In der Pfanne, in der die Seitlinge angebraten wurden, etwas Öl erhitzen und die Welsfilets von allen Seiten anbraten. Die Bratdauer hängt von der dicke des Filets ab, nach drei bis fünf Minuten eine Garkontrolle machen. Dann die Welsfilets aus der Pfanne nehmen und auf einem Teller im Backrohr bei 70 °C warmhalten.

Sind die Nudeln al dente, das Kochwasser abseihen, dabei aber etwa 300 Milliliter auffangen. In die benutzte Bratpfanne etwas Öl hineingeben und die feingehackten Strunkteile des Zitronenseitlings gemeinsam mit dem Zitronenabrieb anbraten. Mit etwas Nudelkochwasser aufgießen, sodass die Pilze nicht anbrennen. Den geriebenen Parmesan unterrühren und den Zitronensaft dazugeben. Gegebenenfalls wieder etwas Kochwasser nachgießen und gut verrühren. Nun die Nudeln und die Pilzkappen zur Sauce geben und gut durchmischen.

Linguine auf einem Teller anrichten und mit den Welsfilets belegen. Mit Zitronenthymian bestreut servieren.

ANHANG

HÄUFIGE FEHLER

Problem	Mögliche Ursachen	Lösungsvorschläge
Das Substrat schimmelt.	Pilzbrut kontaminiert	Andere Pilzbrut verwenden.
	Unsaubere Arbeitsmethoden	Arbeitshygiene verbessern.
Das Myzel beginnt nicht zu wachsen.	Pilzbrut zu alt	Andere Pilzbrut verwenden.
	Umgebungstemperatur zu warm oder zu kalt	Temperatur anpassen.
Das Myzel beginnt zu wachsen, aber stoppt nach ein paar Tagen.	Pilzbrut zu alt	Andere Pilzbrut verwenden.
	Sauerstoffmangel im Substrat	Zusätzliche Löcher bzw. darauf achten, dass das Myzel genug Luft bekommt.
Das Myzel wächst nicht und riecht säuerlich.	Bakterienkolonien im Substrat	Substrat hat während der Fermentation nicht genug Frischluft erhalten und ist anaerob (ohne Luftzufuhr) fermentiert.
Die Shiitake-Stämme sind durchwachsen, aber beginnen nicht zu fruchten.	Keine passendes Wetter	Die Stämme können eventuell mit der „geplanten Fruchtungseinleitung“ zum Fruchten gebracht werden.
Pilzbeete beginnen nicht zu fruchten.	Kein passendes Wetter	Überprüfen, ob das Beet in fünf Zentimeter Tiefe von Myzel durchwachsen ist. Wenn ja, dann muss auf passendes Wetter gewartet werden.
	Zu geringe Brutrate	Brutrate erhöhen. Feuchtigkeit des Pilzbeets überprüfen. Bei Trockenheit das Beet gießen.
	Schädlinge im Pilzbeet	Schutzmaßnahmen ergreifen.

Problem	Mögliche Ursachen	Lösungsvorschläge
Die Austernpilze bilden keinen schönen Hut aus.	Kein oder zu wenig Licht im Fruchtungsraum	Zusätzliche Lichtquellen anbringen/einschalten.
Die Pilze bilden sehr lange Stiele aus.	Zu wenig Frischluft im Fruchtungsraum	Frischluftzufuhr erhöhen.
Die Pilze sind nur sehr kurz haltbar bzw. verderben schnell.	Pilze überreif	Pilze ernten, noch bevor sich die Hüte nach oben wölben.
	Kontamination durch Bakterien	Arbeitshygiene verbessern.
Die Pilzhüte drehen sich zusammen.	Kohlendioxidgehalt der Luft zu hoch	Luftzufuhr anpassen.
Die Pilze sind ausgetrocknet.	Luftfeuchtigkeit zu niedrig	Luftfeuchtigkeit erhöhen.
	Zu spät geerntet	Pilze früher ernten bzw. bevor sich die Hüte nach oben wölben.
Die Stiele sind leicht haarig.	Luftfeuchtigkeit im Fruchtungsraum zu hoch	Luftfeuchtigkeit reduzieren.
Die Fruchtkörper sind bleich.	Zu hohe Temperatur	Temperatur reduzieren.
	Zu wenig Licht	Zusätzliche Lichtquellen anbringen/einschalten.
Die Pilze bilden „Stecknadelköpfe“, aber stoppen dann ihr Wachstum.	Luftfeuchtigkeit zu niedrig	Bedingungen anpassen.
	Kurzer Abfall in der Luftfeuchtigkeit	Auf konstantes Klima achten.
Die Pilze wachsen nicht.	Substrat nicht vollständig besiedelt	Bedingungen anpassen.
	Zu trockene Bedingungen	
	Falsche Temperatur	
	Kohlenstoffdioxidgehalt zu hoch	

BEGRIFFSERKLÄRUNG

Anmerkung: Begriffe in Klammern = englische Bezeichnung

Basidiomycetes: Die sogenannten Ständerpilze, vielfältigste Art der Fruchtkörper bildenden Pilze.

Beimpfung (spawning): Die Pilzbrut wird in das vorbereitete Substrat eingemischt.
Durchwachsphase (spawn run): Die Phase in der das Pilzmyzel das Substrat durchwächst.

Erntewelle (flush): Begriff, der für die auftretenden Erntewellen innerhalb eines Fruchtungszyklus verwendet wird.

Fruchtkörper (fruitbody): Der sporentragende Teil des Pilzes, wird für die sexuelle Fortpflanzung genutzt.

Kleie (bran): Die Getreidekörner umgebende Hülle. In der Pilzzucht meist von Weizen oder Reis.

Kompost (compost): Substrat für Champignons. Mischung aus Stroh, Hühnermist und Gips, die mit Frischluft fermentiert wird.

Körnerbrut (grain spawn): Sterile Getreidekörner, die mit Pilzmyzel beimpft wurden. Die Getreidekörner dienen als Nährstoffquelle für schnelles Wachstum des Myzels.

Lamellen (gills): Sporentragende Blätter an der Unterseite des Pilzhutes.

Luftstrom-Schrank (Laminar-Air-Flow): Erzeugt einen horizontalen oder vertikalen Luftstrom, der die Arbeitsfläche ständig mit gefilterter Luft umspült und so eine sterile Umgebung schafft.

Pasteurisation (pasteurization): Das Abtöten von Insekten, Bakterien und bereits im Substrat enthaltenen konkurrierenden Pilzen durch Erhitzen von mehreren Stunden auf etwa 60 °C.

Pilzbrut (spawn): Getreide, Holzspäne oder Dübel, die mit Pilzmyzel beimpft wurden. Vergleichbar mit dem Saatgut im Gartenbau. Die Pilzbrut wird verwendet, um Pilzzucht-Substrate zu beimpfen, also um das Pilzmyzel zu vermehren.

Pilzkultur (culture): Pilzgewebe, das auf einer Nährlösung unter sterilen Bedingungen gezüchtet wird.

Pilzmyzel (mycelium): Die unterirdischen Pilzfäden, die sich zu einem Netz zusammenschließen, aus welchem der Fruchtkörper wächst.

Stecknadelkopf (pinhead): Erstes Stadium des Pilzwachstums.

Sporen (spores): Pilz-„Samen", befinden sich in den Lamellen der Pilze und dienen der Fortpflanzung.

Sterilisation (sterilization): Das Abtöten von (fast) allen im Substrat enthaltenen Mikroorganismen durch Erhitzen von mehreren Stunden auf etwa 121 °C unter Druck.

Substrat (substrate): Das organische Material auf dem Pilze wachsen. Meistens Stroh, Holz oder Kaffeesatz. Diese Materialien weisen die ideale Nährstoffkombination auf, damit sich möglichst schöne Pilze bilden.

LITERATUR- UND QUELLENVERZEICHNIS

Brandl, H. (2011). "Plankton der Atmosphäre" – Vorkommen und Verbreitung von Mikroorganismen in der Luft. Zurich Open Repository and Archive, 156, 23–27. https://doi.org/10.5167/uzh-53628

Boussard, A., Fessel, A., Oettmeier, C., Briard, L., Döbereiner, H., & Dussutour, A. (2021). Adaptive behaviour and learning in slime moulds: the role of oscillations. Philosophical Transactions - Royal Society. Biological Sciences, 376(1820), 20190757. https://doi.org/10.1098/rstb.2019.0757

Chen, Alice W.: „Natural-Log Cultivation of the Medicinal Mushroom Ganoderma Lucidum (Reishi)", o. J.

Cunha Zied, Diego, und Arturo Pardo Gimenez, Hrsg.: Edible and medicinal mushrooms: technology and applications. Chichester, UK ; Hoboken, NJ: John Wiley & Sons, 2017.

Fischer, Gerit: Heimische Heil- und Vitalpilze – 20 Pilze für Küche und Hausapotheke, Verlag Mankau, 2. aktual. Auflage 2023, ISBN 978-3-86374-710-7

Frey, Gregory E.: „The Basics of Hardwood-Log Shiitake Mushroom Production and Marketing", 2020. https://doi.org/10.13140/RG.2.1.2950.0001.

Gramitzky, Maren: Dreidimensionale Formen aus Pilzmyzel, Masterarbeit, FH Salzburg, Holztechnologie, Kuchl, 2023

Griesbacher, Norbert: Schwammerlsuche in Bayern – Heimische Speisepilze sammeln, bestimmen und verarbeiten, Giftpilze sicher erkennen! 1. Auflage. Regenstauf: SüdOst Verlag, 2018.

Gründemann, C., Reinhardt, J. K., & Lindequist, U. (2020). European medicinal mushrooms: Do they have potential for modern medicine? – An update. Phytomedicine, 66, 153131. https://doi.org/10.1016/j.phymed.2019.153131

Guthmann, Jürgen: Heilende Pilze. Die wichtigsten Arten der Welt. Beschreibung – Inhaltsstoffe – Wirkung. 3., erweiterte Auflage. Wiebelsheim, Hunsrück: Quelle & Meyer, 2023.

He, M., Wang, M., Chen, Z., Deng, W., Li, T., Vizzini, A., Jeewon, R., Hyde, K. D., & Zhao, R. (2022). Potential benefits and harms: a review of poisonous mushrooms in the world. Fungal Biology Reviews, 42, 56–68. https://doi.org/10.1016/j.fbr.2022.06.002

Heiss, Rudolf, Karl Eichner: Haltbarmachen von Lebensmitteln, Chemische, physikalische und mikrobiologische Grundlagen der Qualitätserhaltung. Verlag Springer, 4. Auflage 2002, ISBN 978-3-642-62772-6

Holzer, Sepp: Sepp Holzers Permakultur: praktische Anwendung für Garten, Obst und Landwirtschaft. 9. Auflage. Graz Stuttgart: Leopold Stocker Verlag, 2020.

Kessler, Raphael: Verbesserung der Nutzung von Reststoffen einer Pilzzucht, durch Herstellen von Plattenwerkstoffen aus Pilzmyzel & Strohpellets, Masterarbeit, FH Salzburg, Holztechnologie, Kuchl, 2023

Kullmann, Folko Dr.: Pilze anbauen: Kulturverfahren, Arten & Rezepte,Stuttgart: Kosmos, 2018

McCoy, Peter: Radical Mycology: A Treatise on Seeing & Working with Fungi. Portland, Oregon: Chthaeus Press, 2016.

Morel Mushroom Cultivation - The Mushroom Growers' newsletter. (n.d.). https://www.mushroomcompany.com/resources/morels/index.shtml

Mudge, Ken: „Oyster Mushrooms Are Voracious Colonizers of a Wide Range of Substrates, and Are Therefore Fairly", o. J.

Mushroom Company: „Resources: Morel Mushroom Cultivation - The Mushroom Growers' Newsletter". Zugegriffen 23. Februar 2024. https://www.mushroomcompany.com/resources/morels/index.shtml.

North Spore: „How to Grow Mushrooms on Logs, Totems & Stumps | North Spore". Zugegriffen 23. Februar 2024. https://northspore.com/pages/grow-mushrooms-on-logs-videos.

Oei, Peter: Mushroom Cultivation IV: Appropriate Technology for Mushroom Growers. Amsterdam, The Netherlands: ECO Consult Foundation, 2016.

Petruch, Markus, Walcher, Dominik: Der Stoff, aus dem die Zukunft ist. 1. Auflage. München: FBV, 2022.

Phukhamsakda, C., Nilsson, R. H., Bhunjun, C. S., De Farias, A. R. G., Sun, Y., Wijesinghe, S. N., Raza, M., Bao, D., Lu, L., Tibpromma, S., Dong, W., Tennakoon, D. S., Tian, X., Xiong, Y., Karunarathna, S. C., Cai, L., Luo, Z., Wang, Y., Manawasinghe, I. S., . . . Hyde, K. D. (2022). The numbers of fungi: contributions from traditional taxonomic studies and challenges of metabarcoding. Fungal Diversity, 114(1), 327–386. https://doi.org/10.1007/s13225-022-00502-3

R, D. P., Wasson, V. P., & Wasson, R. G. (1958). Mushrooms Russia and history. Mycologia, 50(1), 147. https://doi.org/10.2307/3756049

Raman, Jegadeesh, Kab-Yeul Jang, Youn-Lee Oh, Minji Oh, Ji-Hoon Im, Hariprasath Lakshmanan, und Vikineswary Sabaratnam: „Cultivation and Nutritional Value of Prominent Pleurotus Spp.: An Overview". Mycobiology 49, Nr. 1 (2. Januar 2021): 1–14. https://doi.org/10.1080/12298093.2020.1835142.

Read, Min: „Growing Wood Ear Mushroom On Logs: 3 Steps", o. J.

Rebensburg, Philip, Andreas Kappl, Dr. med.: Gesund mit Heilpilzen, Immunsystem stärken, Krankheiten heilen und Beschwerden lindern, Verlag Riva, 6. Auflage 2024, ISBN 978-3-7423-0521-3

Schmidt, Wernhard Einar: Anbau von Speisepilzen: Kulturverfahren für den Haupt- und Nebenerwerb. Stuttgart, Ulmer, 2009

Schuldes, Bert Marco, Sam Lanceata: Das Pilzzucht-Buch, Edition Rauschkunde, ISBN 978-3-930442-38-6

Sierigk, Steve, Nick Laskovski, Julie Rockcastle, Steve Gabriel: „Contributing Farm Advisors", o. J.

Silva, A. J. D., De Sousa, M. M. G., De Macêdo, L. S., De França Neto, P. L., De Moura, I. A., Espinoza, B. C. F., Da Conceição Viana Invenção, M., De Pinho, S. S., Da Gama, M. a. T. M., & De Freitas, A. C. (2023). RNA vaccines: Yeast as a novel antigen vehicle. Vaccines, 11(8), 1334. https://doi.org/10.3390/vaccines11081334

AUSGEWÄHLTE BEZUGSQUELLEN

Pilzbrut

Stoff'n Bio-Edelpilze, www.stoffn.at
Tyroler Glückspilze, www.gluckspilze.com
Waldviertler Pilzgarten, www.pilzgarten.at
Pilzzucht.at, www.pilzzucht.at

Pilzzuchtbedarf

Stoff'n Bio-Edelpilze, www.stoffn.at
Tyroler Glückspilze, www.gluckspilze.com

Substrate/Fertigkulturen

Stoff'n Bio-Edelpilze, www.stoffn.at
Biopilzzucht Reiser, www.biopilzzucht.at
Pilzfactory, www.pilzfactory.com
Tyroler Glückspilze, www.gluckspilze.com
Waldviertler Pilzgarten, www.pilzgarten.at
Hut & Stiel, www.hutundstiel.at
Pilzmännchen, www.pilzmaennchen.de

Trüffel

Trüffelgarten, www.trueffelgarten.at
Soulshop, www.soulshop.at
Trüffelbaumkonzept,
www.trueffelbaumkonzept.de

Rohstoffe (Stroh, Strohpellets, Sägespäne, etc.)

Agrarfachhandel

Frischpilze

Gut Behütet Pilzmanufaktur,
www.gutbehuetet.at
Stoff'n Bio-Edelpilze, www.stoffn.at
Regionale Lieferanten von Frischpilzen werden auf Anfrage gerne weitergegeben.

Kurse/Führungen

Gut Behütet Pilzmanufaktur,
www.gutbehuetet.at
Stoff'n Bio-Edelpilze, www.stoffn.at

DANK

Bis aus einer Idee ein fertig gebundenes Buch wird, braucht es Zeit und viele Menschen im Hintergrund. Wir möchten uns allen voran bei unseren Familien bedanken. Oftmals waren sie erste Ansprech- und Diskussionspartner, über einen Absatz „Drüberschauer" und Verkoster unserer Rezeptkreationen. Im Speziellen möchten wir uns hier bei Lisa Reindl sowie Hannes, Klara und Anja Friedl bedanken. Genauso großer Dank gilt unserer Lektorin Karin Ch. Taferner und dem gesamten Team des Leopold Stocker Verlages. Sie haben uns während des gesamten Entstehungsprozesses tatkräftig und motivierend begleitet.

Dass bei einem „Nischenthema" wie der Pilzzucht neben dem Konkurrenzgedanken auch viel Austausch gelebt und gegenseitige Bereicherung fühlbar wird, durften wir durch die Unterstützung von vielen befreundeten Pilzzüchtern erfahren. Andreas Eibl von den Flachgauer Biopilzen, Klaus Schnötzinger-Vorwahlner von der Pilzothek und David Reiser von Reiser Bio-Pilzzucht – euch ein herzliches Danke.

Zusätzlicher Dank für die großzügige Bereitstellung ihrer Fotos geht an Josef Huber, Joachim Blaurock, Niko Reinberg sowie Andrea Diesel und Elfi Tropper.

Vielen Dank!

DIE AUTOREN

Dipl.-Ing. **Sebastian Reindl** ist Gründer und Geschäftsführer der „Stoff'n Bio-Edelpilze". Er studierte Holztechnologie an der Fachhochschule Salzburg. Ein Auslandssemester in Shanghai, China diente als Impulsgeber und so begann er 2020 auf seinem landwirtschaftlichen Betrieb im Salzburger Alpenvorland Pilze zu züchten. Inzwischen hat er sich mit seinem Betrieb auf die Herstellung und den Verkauf von Pilzbrut und -substrat spezialisiert. Außerdem tüftelt er liebend gerne an Methoden zum Anbau neuer Pilzsorten. Sein Wissen gibt er in Betriebsführungen und Seminaren – vor Ort und online – weiter.

www.stoffn.at
Instagram, Facebook: @stoffnpilze

Diätologin **Michaela Friedl**, MSc. fand als Betriebsführerin auf dem elterlichen Hof im steirischen Vulkanland mit der Pilzzucht unter der Marke „GutBehütet Pilzmanufaktur" eine neue Zukunft in der Direktvermarktung. Durch das Masterstudium Lebensmittel: Produkt- und Prozessentwicklung an der FH Joanneum in Graz eignete sie sich Wissen für die Verarbeitung von Pilzen an.

Mittlerweile gibt es eine Vielzahl an Pilzprodukten aus den Frischpilzen vom Hof zusätzlich zu Betriebsführungen und Workshops.

www.gutbehuetet.at
Instagram, Facebook:
@gutbehuetetpilzmanufaktur

Michaela Friedl und Sebastian Reindl sind Pilzzüchter aus Leidenschaft. Foto: LR